Hecht · Gottfried Wilhelm Leibniz

1 Gottfried Wilhelm Leibniz
(1. 7. 1646–14. 11. 1716)

Gottfried Wilhelm Leibniz

Mathematik und Naturwissenschaften im Paradigma der Metaphysik

Dr. Hartmut Hecht, Berlin

Mit 33 Abbildungen

B. G. Teubner Verlagsgesellschaft
Stuttgart · Leipzig 1992

Die Deutsche Bibliothek – CIP-Einheitsaufnahme

Hecht, Hartmut:
Gottfried Wilhelm Leibniz: Mathematik und
Naturwissenschaften im Paradigma der Metaphysik/
Hartmut Hecht. - Stuttgart; Leipzig: Teubner, 1992
(Teubner-Archiv zur Mathematik: Supplement; 2)
ISBN 978-3-8154-2025-6 ISBN 978-3-663-05995-0 (eBook)
DOI 10.1007/978-3-663-05995-0
NE: Teubner-Archiv zur Mathematik/Supplement

TEUBNER-ARCHIV zur Mathematik · Supplement 2

Gesamtherstellung: Elbe Druckerei Wittenberg GmbH

Leibniz, der mehr als eine Seele hatte, wenn ich das so sagen darf, war wohl würdig, den Vorsitz in einer Akademie zu führen, die er im Notfall allein hätte darstellen können.

Friedrich II. von Preußen

Vorwort

Gottfried Wilhelm Leibniz gehört zu den originellsten und produktivsten Denkern der europäischen Geistesgeschichte. Entsprechend umfangreich und vielgestaltig ist die Leibnizliteratur. Die großen Editionen seiner Werke von Ludovicus Dutens bis Carl Immanuel Gerhardt, von Georg Heinrich Pertz und Onno Klopp sind für die Forschung bis heute unersetzbar. Die Leibniz-Darstellungen, Studien und Berichte können selbst schon wieder auf regelrechte Klassiker verweisen. Man denke nur an Eduard Guhrauers Biographie, an „Leibniz' System in seinen wissenschaftlichen Grundlagen" von Ernst Cassirer, an Willy Kabitz' jungen Leibniz oder an Joseph Ehrenfried Hofmanns Entwicklungsgeschichte der Leibnizschen Mathematik.

Ein Ende der Beschäftigung mit dem philosophie- und wissenschaftshistorischen Erbe Leibniz' ist besonders seit dem Beginn der Arbeit an der Akademie-Ausgabe am Anfang unseres Jahrhunderts (Leibniz' Sämtliche Schriften und Briefe) und der Gründung der Internationalen Leibniz-Gesellschaft 1966 nicht absehbar. Letztere hat sich mit den Studia Leibnitiana dafür ein eigenes Publikationsorgan geschaffen. Neue Quellenfunde lassen den Gesamtzusammenhang und die innere Dynamik des Leibnizschen Schaffens in einem neuen Licht erscheinen, manches dabei entdeckte Detail ist für die Geschichtsforschung generell von Bedeutung, und die Edition des gut erhaltenen Nachlasses ist eine eigene Herausforderung, die anderen historisch-kritischen Ausgaben in nichts nachsteht. All dies hat die Annäherung an Leibniz in nicht geringem Maße zu einer Sache für Spezialisten werden lassen, deren Entdeckungen, Interpretationen und editorische Leistungen das geläufige Leibniz-Bild des allgemeinen Bewußtseins bislang nur wenig veränderten.

Die vorliegende Darstellung will in dieser Situation die Chance einer Vermittlung wahrnehmen. Sie beabsichtigt, den Blick für die Mannigfaltigkeit und Weite der Leibnizschen Ideen über das allgemein Bekannte hinaus zu öffnen. Das aber bedeutet, auch über die Grenzen der heute so entwickelten disziplinären Denkweise hinauszugehen und mit Leibniz Zusammenhänge, Bezüge und Korrelationen zwischen Wissenschaften nachzuspüren, deren Gemeinsamkeiten zu denken wir uns weitgehend abgewöhnt haben, die aber gerade für den ganzheitlich-global denkenden Leibniz unerläßlich waren und zumindest Denkanregungen für die Gegenwart bereit halten. Wenn daher im folgenden die mathematischen, naturwissenschaftlichen und technischen

Theorien und Projekte im Vordergrund stehen, so wird doch gelegentlich auf andere Seiten seines Denkens einzugehen sein, die Leibniz' unverwechselbare Denkungsart besonders hervortreten lassen bzw. für Abschnitte seiner Biographie Interessenschwerpunkte mit thematischen Präferenzen setzen. Gerade hierfür hat die neuere Forschung ein reichhaltiges Material aufgearbeitet, das durch keine Edition bisher in solcher Breite zur Verfügung gestellt werden konnte.

Eine möglichst genaue Dokumentation der unterschiedlichen Aspekte des Leibnizschen Denkens wird man deshalb erst von der Akademie-Ausgabe erwarten können, in der die 50000 Stücke des Nachlasses (davon 15000–20000 Briefe) allgemein zugänglich werden. Hinsichtlich des mathematisch-naturwissenschaftlichen Nachlasses bietet sie bislang jedoch nur den Briefwechsel bis zum Jahr 1679. Eberhard Knobloch schätzte 1976 ein, daß von den mathematischen Aufzeichnungen der Jahre 1672–1676 nur etwa 10 % im Druck zugänglich sind [42, S. 4f.]. Für die naturwissenschaftlichen Schriften fällt die Bilanz nicht günstiger aus, da hier, abgesehen von einer überblicksmäßigen Sichtung des Bestandes und Teildrucken, mit einer systematischen editorischen Arbeit überhaupt noch nicht begonnen wurde.

Angesichts dieser Schwierigkeiten bin ich dem Akademie-Verlag für die Möglichkeit dankbar, in Verlagsmanuskripte Einsicht zu nehmen und diese für die vorliegende Arbeit zu nutzen. Die Zusammenarbeit mit den Kollegen des Leibniz-Archivs Hannover, insbesonders die Diskussionen mit Herrn Dr. Herbert Breger, haben darüber hinaus geholfen, manches Problem inhaltlicher wie quellengeschichtlicher Art zu lösen. Wichtige Hinweise zu Details des Manuskriptes verdanke ich Herrn Dr. Hans-Stephan Brather (Potsdam) sowie Frau Rosemarie Caspar (Berlin) und Herrn Jürgen Gottschalk (Hamburg). Insbesondere bin ich Herrn Prof. Dr. Hans Wußing (Leipzig) zu Dank verpflichtet. Der B. G. Teubner Verlagsgesellschaft Stuttgart · Leipzig habe ich für ihr entgegenkommendes Interesse sowie für die Geduld zu danken, ohne die der Versuch über Leibniz nicht zustande gekommen wäre.

Berlin, im September 1991 — Hartmut Hecht

Inhalt

Signaturen eines Zeitalters

Als nach jahrelangen Verhandlungen 1648 der Westfälische Frieden unterzeichnet wird, ist Gottfried Wilhelm Leibniz gerade zwei Jahre alt. Der junge Leibniz wächst in einer Zeit auf, die mit diesem Datum weit mehr als nur den Schlußpunkt hinter 30 Kriegsjahre mit verheerenden Wirkungen vor allem für Deutschland setzt. Um die Mitte des 17. Jahrhunderts zeichnen sich in Europa die Konturen eines Staatengefüges ab, in dem sich die weitere Entwicklung des Kontinents und namentlich sein Übergang zu einer neuen, der kapitalistischen Produktionsweise vollziehen sollte.

Die Initialzündung für die allgemeine Krise der Feudalordnung war von der lutherischen Reformation ausgegangen. Doch was als eine nationale deutsche Bewegung seinen Ausgangspunkt nahm, erlangte bald europäische Dimension und sichtbaren Ausdruck in den bürgerlichen Revolutionen der Niederlande und Englands. Die durch den symbolischen Anschlag der 95 Thesen an die Tür der Schloßkirche zu Wittenberg auf den Weg gebrachte religiöse Bewegung besaß Sprengkraft genug für eine europäische gesellschaftliche Umgestaltung, die eine ganze historische Epoche ausfüllte und dem Emanzipationsanspruch des Bürgertums Kraft und im Namen der Vernunft theoretisch Ausdruck verlieh.

Entscheidende ökonomische, kulturelle und politische Wandlungen hatten sich in der Zeit zwischen Reformation und Aufklärung vollzogen. Als charakteristische Form des kapitalistischen Produktionsprozesses beginnt um die Mitte des 16. Jahrhunderts die eigentliche Manufakturperiode. Das sind genau jene Jahre, in denen vom Tridentinischen Konzil (1545–1563) der Bruch zwischen Protestantismus und Katholizismus als vollständig erkannt und die konfessionelle Aufspaltung des Abendlandes festgeschrieben wurde.

Das religiöse Weltbild hatte damit unwiderruflich seine Potenz zu einer einheitlichen Weltanschauung verloren und die Theologie ihre Fähigkeit, Norm und Leitwissenschaft für die anderen Wissenschaften zu sein. Diese Erbschaft der europäischen Reformationsbewegung bewirkte jedoch keine Säkularisierung von Politik und Bewußtsein. Die frühbürgerliche Revolution in Deutschland endete im Gegenteil zunächst mit einer politischen Festigung des Feudalsystems, die in ihrem Gefolge eine religiöse Überformung aller Bewußtseinsinhalte in größerer Dichte als im Mittelalter mit sich führte. In dieser besonderen Befindlichkeit hatten alle sozialen Kräfte ihre theoretischen Anschauungen zu finden, auszubilden und philosophisch zu begründen.

Ausdruck der veränderten Lage im 16. Jahrhundert ist ebenso das verstärkte Auftreten von Häresien mit ihrer theoretischen Kritik an den theologischen

Grundlagen der Gesellschaft, die in heterodox-theologischen Auffassungen sozialer Beziehungen entwickelt wird. Einen der entscheidenden Fixpunkte aber findet das zeitgenössische Bewußtsein in der Mündigkeitserklärung der Naturwissenschaften gegenüber theologischer Bevormundung.

Der Name Galileo Galilei gilt bis heute als Symbol für die Widersprüchlichkeit dieses Prozesses, dessen enorme ideologische Durchschlagskraft sich an der Reaktion von René Descartes auf den Urteilsspruch im Galilei-Prozeß erahnen läßt. Als dieser am 29. September 1633 in Lüttich öffentlich ausgehängt wird, steht Descartes' „Le Monde" (die Welt), ein groß angelegter Versuch, die Entstehung des Kosmos, der Erde und des Lebens nach mechanischen Prinzipien zu entwickeln, kurz vor der Vollendung. Descartes vernichtet sein Werk, als er erkennt, bis zu welcher Konsequenz der Galilei-Prozeß führte – die copernicanische Lehre zu vertreten wurde nicht schlechthin untersagt, das Verbot sollte quovis modo gelten, d. h. für jede beliebige Form der Darstellung – und in welchem Maße sein Gegenentwurf zum aristotelisch-christlichen Weltbild die Kirche herausfordert.

Die Tatsache, daß Galileis Bekenntnis zum copernicanischen System jenen heiklen Punkt bildete, in dem sich der Vorwurf der Ketzerei konzentrierte, gehört heute zum allgemeinen Bildungsgut. Weniger bekannt ist, daß damit nicht eine physikalische Theorie als solche zur Disposition stand. Für die katholische und apostolische Kirche war unter den gegebenen Auspizien der philosophisch-weltanschauliche Unterbau dieser Lehre, ihr Atomismus, weit bedenklicher. Insofern nämlich Galilei im „Saggiatore" von dem Buch der Natur sprach, das in mathematischen Lettern geschrieben sei, hatte er nicht nur die mathematische Beschreibbarkeit der Natur postuliert, er hatte auch die philosophischen Voraussetzungen dafür angegeben: Zahl, Größe und Gestalt. Damit aber war klar, Galilei bekannte sich zum Atomismus, denn nur die Atomeigenschaften garantierten ihm die Erfüllung seines Programms, alles zu messen, was meßbar ist, bzw. meßbar zu machen, was es noch nicht ist. In philosophischer Allgemeinheit ausgesprochen, mußten diese Maximen freilich auch außerhalb der Naturforschung ihr Bewährungsfeld finden.

Der Konflikt mit dem Klerus war damit unvermeidbar, denn wie war auf dieser philosophischen Grundlage z. B. noch der Glaube an die Eucharistie aufrecht zu erhalten? Das bereits erwähnte Konzil von Trient hatte 1551 Brot und Wein in ihrer Beziehung zu Leib und Blut Christi mit dem Hinweis auf die Transsubstantiation physikalisch expliziert und in dieser Form kanonisiert. Die Gegenwart Christi bei der Abendmahlsfeier stand damit außer jedem Zweifel. Mit der Unterscheidung primärer (Atomeigenschaften) und sekundärer (rein subjektiver) Qualitäten schloß der Atomismus eine objektive, d. h. physikalisch reale Präsenz aber gerade aus, da Atome ewig sind und folglich nicht substantiiert werden können. Als Ausweg bot sich also bestenfalls eine rein subjektive, für die Theologie jedoch nicht akzeptable Erklärung an [13].

Die Geburtsstunde der Physik im modernen Sinne stellte in ihrer philosophischen Begründung daher das religiöse Weltbild vehement in Frage. Sie wurde ein Element jener Vielheit von Denkmustern, die im Zeitalter der Aufklärung das aristotelisch-scholastische Weltbild auflöste und in der kraft ihrer Vernunft autarken Philosophie eine neue Einheit anstrebte. Den Wissenschaften fiel dabei eine besondere Rolle zu. Es galt nämlich als ausgemacht, daß der Anspruch des siècle de lumière, d. h. des Zeitalters der Vernunft, nur auf dem Niveau der zeitgenössischen natur- und geisteswissenschaftlichen Disziplinen einzulösen ist; und doch befanden sich gerade diese in einer tiefen Methodenkrise.

Um die Mitte des 17. Jahrhunderts war die aristotelische Wissenschaftsnorm an ihre Grenzen geraten, die Gesamtheit der Entwicklungsprozesse der Wissenschaften philosophisch zu begründen, systematisch zu verallgemeinern und heuristisch zu stimulieren. Die philosophische Begründung einer neuen Norm für wissenschaftliche Tätigkeit wurde unter diesen Bedingungen zur dringlichen Notwendigkeit, und sie mußte sich gemäß dem Bewußtsein der Zeit methodentheoretisch entfalten. Die veränderte Denkmethode aber betraf das Wesen eines neuen Wissenschaftstyps, dessen Praktikabilität als Einheit der Disziplinen bezüglich der Theorieform Erfahrungswissenschaft Geltung beanspruchte.

Der junge Leibniz hat diese grundlegende Verschiebung im Selbstverständnis der Wissenschaften seiner Zeit erkannt und ihre Bewältigung zur Voraussetzung seines eigenen Denkansatzes erhoben. Bereits 1671 hält er definitiv fest:

> Ich muß mich wundern, daß in unserem an eigenen Experimenten so reichen Jahrhundert keiner aufstand, der das in einem abgezirkelten System fertiggebracht hat, was Aristoteles zu seiner Zeit gelungen ist: keine bloßen Hypothesen aufzustellen und nichts zu vertreten, was nicht mit sicherer Konsequenz aus der Erfahrung folgt. [A VI, 2, S. 302]

Dem hannoverschen Herzog Ernst August gegenüber wird er später bekennen, viel mehr an der Erfindungskunst im Allgemeinen interessiert zu sein, als an der Faktizität besonderer Entdeckungen, d. h., lieber Methoden als Lösungen bereitzustellen, da eine einzige Methode schon eine Unendlichkeit von Lösungen einschließe [A I, 4, S. 314 f.]. Hier wird deutlich: Leibniz will über die Methodenlehre das Gemeinsame wissenschaftlicher Erkenntnis erfassen, er will die disziplinäre Verschiedenheit in einem Methodenkonzept verankern, um von daher die prekäre Situation in der Grundlegung der Wissenschaften seiner Zeit aus der Krise zu führen.

Der Philosoph Leibniz ist sich darüber im klaren, daß dies nur gelingt, wenn gleichzeitig das verlorengegangene einheitliche Weltbild von den Positionen einer auf dem Vertrauen in die Macht der aufgeklärten Vernunft gegründeten Philosophie aus neu aufgebaut wird. Ihm war deshalb daran gelegen, die rationalen Grundlagen zu schaffen, die die verschiedenen philosophischen Strömungen wieder auf eine Philosophia perennis festlegen konnten, d. h. auf die beständige, nicht von System zu System tradierte, vielmehr in dieser ihrer Diskontinuität zugleich Einheit und Kontinuität stiftende Philosophie, die stets auf die grundlegenden Prozesse in den Natur- und Geisteswissenschaften bezogen bleibt. Und er wollte damit nicht weniger erreichen, als eben jenen von der Reformation vererbten tiefen Riß im europäischen Bewußtsein durch strenge Rationalität in einer neuen Einheit aufzuheben. In diesem Kontext erschließen sich daher seine Pläne zur Reunion der Kirchen. Dieser Gedanke leitet die Überlegungen zu einem geeinten Europa, und er bestimmt den Inhalt der Denkschriften über Gelehrtengesellschaften als institutionalisierte Formen der Verbindung von Theorie und Praxis.

Dafür entwirft Leibniz schließlich ein wissenschaftstheoretisches Konzept, das als „Scientia generalis" bzw. in seinen letzten Lebensjahren als „Eléments de la philosophie générale et de la théologie naturelle" (Elemente der Philosophie im allgemeinen und der natürlichen Theologie) den Grundbestand einer allgemeinen Wissenschaftslehre fixieren sollte. Es ist als ein Werk konzipiert, das keinen geringeren Anspruch erhebt als vermittels einer allgemeinen Charakteristik, der „Ars inveniendi et judicandi" (Erfindungs- und Beurteilungskunst), sowie eines entsprechenden logischen Kalküls alle wissenschaftlichen und philosophischen Probleme wenigstens prinzipiell lösen zu können. Diese „Scientia generalis" ist für Leibniz erklärtermaßen eine Logik, und er versteht sie im Rückgriff auf antike Traditionen als „die Kunst, den Verstand zu gebrauchen, also nicht allein was fürgestellet zu beurtheilen, sondern auch was verborgen zu erfinden". Deshalb sei „diese Kunst auf alle weise zu suchen und hoch zu schäzen, ja als aller Künste und wißenschafften schlüßel zu achten" [GP 7, S. 516]. Zur Logik gehört „die Kunst die Natur selbst auszufragen und gleichsam auf die folterbanck zu bringen, Ars Experimentandi" [GP 7, S. 518] wie auch die Mathematik, die zwar nicht die Vernunftlehre an sich sei, wohl aber, so teilt er Gabriel Wagner mit,

> eine der ersten geburthen und gleichsam deren gebrauch bey denen größen oder bey zahl, maaß und gewicht. Ich habe auch befunden, daß die Algebra selbst ihre vortheil von einer viel höhern Kunst, nemlich der wahren Logick entlehne. [GP 7, S. 524]

Folglich stehe die reine Mathematik der Logik nicht entgegen. Sie werde in ihr vielmehr ebenso aufgehoben, wie die traditionelle Syllogistik. Das unerhört Neue dieses Logikverständnisses lag nun weniger in seiner formalen Ausgestaltung als in dem konsequenten Einsatz der Begriffsanalyse [55, S. 353], d. h. in seinem intensionalen Programm. Leibniz strebte eine völlig neuartige philosophische Sprache an, eine „Lingua philosophica", in der neben der Oberflächenstruktur der Umgangssprache auch die Wissenschaftssprachen auf eine Tiefenstruktur philosophischer Sätze abgebildet werden sollten, und zwar so, daß jedem primitiven Begriff (darunter verstand Leibniz die Begriffs"atome", aus denen sich alle anderen Begriffe zusammensetzen lassen sollten) geeignete Charaktere zugeordnet werden. Dem Charakter eines Begriffs ließe sich dann in ähnlicher Weise der Bestand an primitiven Begriffen entnehmen, wie es

uns heute von chemischen Formeln her geläufig ist. Dies stellte ihn vor eine Reihe von Problemen. Erstens mußte er methodisch sichern, daß die Analyse bis auf primitive Begriffe überhaupt mit einigem Erfolg möglich wurde. Leibniz mußte zweitens geeignete Charaktere für die Zuordnung finden, und er mußte Kalküle entwerfen, die im Operieren mit Charakteren ein Prüfungsverfahren verbürgten, bei dessen Anwendung man, statt über Meinungen zu streiten, zukünftig würde sagen können: „Calculemus", rechnen wir!
Die „Scientia generalis" galt Leibniz als ein formales Instrument, das seine philosophischen und wissenschaftsmethodologischen Ansichten von strenger Rationalität im Denken verallgemeinerte. Diesem war als materiales Komplement eine Enzyklopädie der Wissenschaften zugeordnet, in der die Vielfalt der wissenschaftlichen Disziplinen ihren Platz fand. Schon in den ganz frühen Plänen ist die Geometrie ein bevorzugtes Probierfeld für die allgemeine Wissenschaftslehre. Hinzu kommen Mechanik und Entwürfe zur Naturlehre. Schließlich geht Leibniz keinen Schritt mehr in den besonderen Wissenschaften ohne ihre wissenschaftstheoretische Grundlegung, die sich selbst Disziplinen wie Bibelwissenschaft, Naturrecht, Ökonomie, Metaphysik und Morallehre nicht verschließt. Für alle diese Wissenschaften wird das Auffinden geeigneter Charaktere zum entscheidenden Bindeglied und damit die conditio sine qua non des Nachweises ihrer Wissenschaftlichkeit. Es geht also um Kriterien für wissenschaftliche Arbeit überhaupt in der „Scientia generalis", um Wahrheit und Gesetzmäßigkeit.
Leibniz stellt die philosophische Frage nach dem Wissen vom einheitlichen Ganzen dieser Welt, das der Mensch immer nur auf besondere, disziplinäre Weise erlangen kann, und er will mit seiner Wissenschaftslehre einen Weg weisen, auf dem sich die ganze Vielheit unterschiedlicher Erkenntnisweisen zu einem objektiven Ganzen, eben zur Philosophia perennis integrieren läßt. Je weiter man auf diesem Wege voranschreite, desto weniger habe man in der Wissenschaft dicke Volumina nötig, meinte er, denn die Wissenschaften vereinheitlichen sich, indem sie sich erweitern. Dies nicht nur bewußt, sondern praktikabel zu machen, ist der Hauptinhalt seines — wie wir heute sagen würden — wissenschaftstheoretischen Programms.
Schon diese nur ganz bruchstückhafte Skizze macht deutlich, in welcher Weise sich Leibniz von seinen berühmten Zeitgenossen Christiaan Huygens und Isaac Newton unterscheidet. Seine Hinwendung zu den Wissenschaften erfolgt immer im Rahmen eines philosophischen Gesamtinteresses, und selbst dann, wenn er Themen spezielleren Inhalts zum Gegenstand hat, sind sie doch in einem wenigstens methodentheoretischen Bezug an philosophische und wissenschaftstheoretische Grundfragen angekoppelt.
Im folgenden wird deshalb ein Zugang zu Leibniz' mathematischen und naturwissenschaftlichen Arbeiten gesucht, der diesen charakteristischen Zug seiner disziplinspezifischen Leistungen zum Leitfaden der Darstellung macht. Auf diese Weise sollen die Leibnizschen Beiträge zum Fundus der Wissen-

schaften in der Spezifik ihrer Fragestellungen und der Eigentümlichkeit ihrer Lösungsformen vorgestellt werden. Dabei wird auch die „Scientia generalis“ deutlichere Konturen gewinnen, und die hier im Vordergrund stehende Darstellung seiner naturwissenschaftlich-technischen und mathematischen Leistungen kann dann vielleicht über die verhalten biographisch angelegte Skizze hinaus zur Beschäftigung mit Leibniz' Philosophie anregen, um in die Ganzheitlichkeit seines Werkes einzudringen und den Leibnizschen Anspruch, Philosophie und Wissenschaften wieder in einer einheitlichen Weltanschauung aufeinander zu beziehen, in seinen historischen und aktuellen Dimensionen zu erschließen.

Der junge Leibniz

„21. Junii am Sontag 1646 Ist mein Sohn Gottfried Wilhelm post sextam vespertinam 1/4 uff 7 uhr zur welt gebohren im Wassermann“, verzeichnet die Chronik der Professorenfamilie Leibniz. Die Differenz von 10 Tagen zu dem uns heute geläufigen Geburtsdatum, dem 1. Juli 1646, verweist auf einen protestantischen Geburtsort, denn erst 1699 konnten sich die evangelischen Stände des Deutschen Reiches entschließen, den Gregorianischen Kalender als „verbesserten“ anzunehmen. Leibniz' Vaterstadt Leipzig war zu dieser Zeit eine der Hochburgen des Protestantismus in Deutschland, die nicht nur seine Vorliebe für Martin Luther und Augustinus formte; die protestantische Erziehung in Leipzig prägte bei Leibniz eine Konsequenz in der eigenen Lebenshaltung und Weltanschauung aus, die ihn 1689 das sehr attraktive Angebot, Kustos der Bibliothek des Vatikans zu werden, ablehnen ließ, da es mit einem gleichzeitig erwarteten Glaubenswechsel verbunden sein sollte.
Aber Leipzig bot weit mehr noch für die Talente eines Leibniz. Die Universität der Handelsmetropole stand hinsichtlich der Inskriptionen um die Mitte des 17. Jahrhunderts in Deutschland ganz an der Spitze. Leibniz' Vater Friedrich war selbst Aktuar und Professor der Moral an der Universität, und seine Mutter, Katharina Schmuck, entstammte als Tochter des angesehenen Leipziger Rechtsgelehrten Professor Wilhelm Schmuck dem gleichen kulturellen und geistigen Milieu (Abb. 2). Früh erschließt sich der junge Leibniz die umfangreiche Bibliothek seines Vaters, doch wie er mitteilt erst, nachdem der entschiedene Widerstand des Lehrers gebrochen war, dem die verfrühte Lektüre für den normalen Studienablauf nur hinderlich zu sein schien.
Manche Legende rankt sich um Leibniz' Kindes- und Schuljahre. Zum Teil sind sie von seinem Vater kräftig genährt worden, der, die ungewöhnlichen Fähigkeiten seines Sohnes erkennend, alle möglichen Ereignisse als Zeichen einer vorherbestimmten großen Zukunft ausdeutete. Freilich gab es dafür genügend Anlässe. In seinen autobiographischen Aufzeichnungen berichtet Leibniz, wie er die lateinische Sprache in einer Weise beherrschen lernte, daß er bereits als Zwölfjähriger ein selbstverfaßtes Pfingstgedicht von 300 Hexametern bei einer Schulfeier vortragen konnte. Dabei ging es ihm zunächst wie so vielen Lateinschülern, die Erfolge beim Erlernen der Sprache stellten sich nur recht zögernd ein. Das änderte sich, als ihm zwei Bücher in die Hand fielen, deren Inhalt er sich völlig selbständig aneignete. Besonders eines dieser Bücher, ein zur damaligen Zeit weit verbreitetes Schulbuch für Geschichte, brachte den Durchbruch. Es war reichhaltig mit Holzschnitten versehen, so daß sich der eben erst achtjährige Leibniz den Text der Bildunterschriften aus

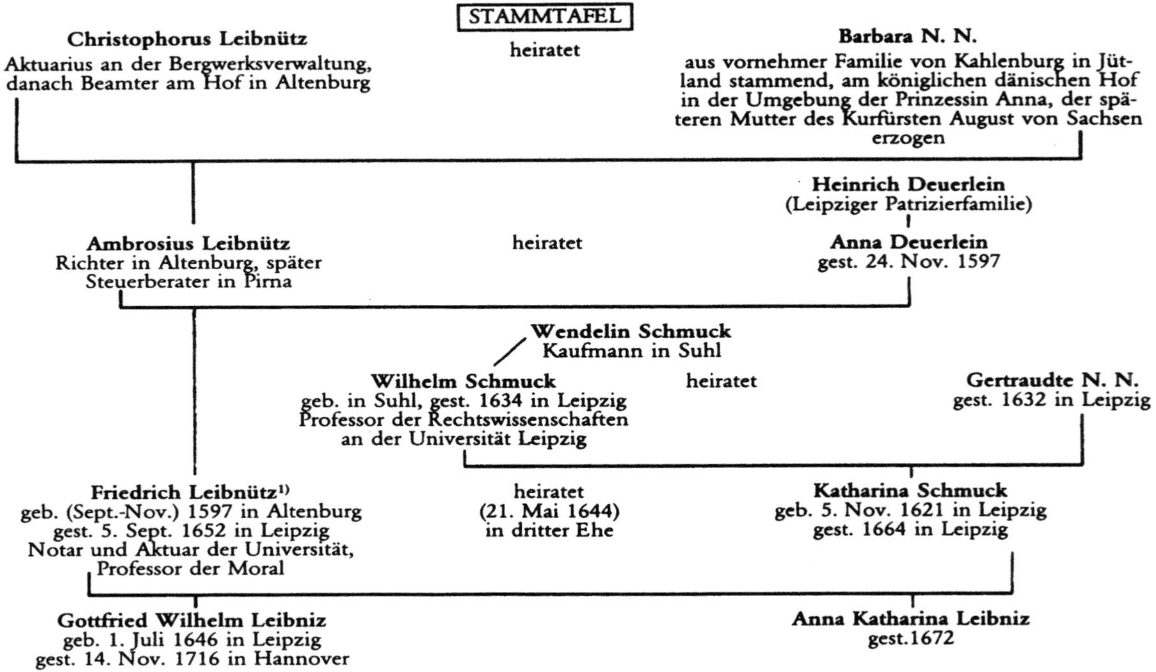

2 Stammtafel der Familie Leibniz (nach [L 11])

1) In erster Ehe verheiratet mit A n n a F r i t z s c h e ; Kinder: Johann Friedrich Leibnütz, Lehrer an der Thomasschule, gest. 1696; Anna Rosine Leibnütz, heiratet den Superintendenten Freissleben in Orlamünde. – In zweiter Ehe verheiratet mit N. N. V o g t z (Tochter eines Leipziger Buchhändlers), kinderlos.

den Illustrationen erschloß. Der spätere Algorithmentheoretiker ging dabei gleichsam iterativ vor, er übersprang zunächst Unverständliches, kehrte später dahin zurück, bis er schließlich den Text der Schrift in mehrmaligen Anläufen und ohne Benutzung eines Wörterbuchs in aller Klarheit vor sich liegen hatte. Ähnlich unkonventionell, doch erfolgreich, war sein Verhältnis zu den schönen Künsten. Sobald er aber mit der Logik in Berührung kam, hatte er die Leidenschaft seines Lebens entdeckt, eine Leidenschaft, die ihn bereits mit 14 Jahren auf Neuland führte und auch später nicht mehr loslassen sollte. Rückblickend schreibt er:

Ich sah, daß man in der Logik die einfachen Ausdrücke in gewisse Klassen einteilt, die man Prädikamente nennt. Da wunderte ich mich, warum nicht auch die komplexen Ausdrücke oder die Aussagen in Klassen eingeteilt werden, und zwar in solch einer Ordnung, daß man sie auseinander ableiten und deduzieren kann. Diese Klassen nannte ich die Prädikamente der Aussagen, sie sollten dann die Materie der Schlüsse werden, wie die gewöhnlichen Prädikamente die Materie der Aussagen bilden. Als ich diese Frage meinen Lehrern vorlegte, konnte mir keiner darauf antworten. Sie ermahnten mich nur, daß es einem Knaben nicht anstünde, in Dingen, die er selbst noch nicht genügend durchgearbeitet hat, etwas Neues zu unternehmen. Später aber erkannte ich, daß diese Prädikamente oder diese Ordnung der Aussagen, die ich erstrebte, nichts anderes ist als das, was uns die Mathematiker in ihren Elementen bieten; denn sie ordnen die Sätze so an, daß der eine aus dem anderen abgeleitet wird. Dies aber verlangte ich damals vergebens von den Philosophen. [L 11, S. 401 f.]

Universitätsjahre

Ostern 1661 bezieht Leibniz die Universität Leipzig. Er hört philosophische Vorlesungen, besonders über Aristoteles, besucht eine Einführungsvorlesung in Euklids „Elemente" und schreibt sich für lateinische Poesie, griechische Literatur und Sprache, für lateinische Prosa und Geschichte sowie für hebräische Sprache ein. Leibniz promoviert am 2. Dezember 1662 zum Baccalaureus der philosophischen Fakultät und disputiert am 30. Mai 1663 unter Vorsitz von Jakob Thomasius über das Principium individuationis. Das Urteil des Lehrers über den Studenten Leibniz fällt außergewöhnlich wohlwollend aus.

Der hochgebildete junge Gottfried Wilhelm Leibniz hatte Freude an Gedankengängen, in denen er seinen Verstand und seinen Eifer üben konnte. Trotz seiner Jugend ist er den schwierigsten und weitläufigsten Kontroversen gewachsen [A VI, 1, S. 5; 47, S. 6 f.],

verlautbart aus Leipzig, doch schon folgt ein kurzes, aber nachhaltiges Semester in Jena, wo er neben Vorlesungen bei Erhard Weigel auch die Lehrveranstaltungen des Juristen Johann Christoph Falkner und des Historikers Johann Andreas Bose besucht. Der tief im Bannkreis des Schularistotelismus steckende Leibniz ist fasziniert von der Neuartigkeit der durch Weigel aufgeworfenen Probleme, vom Spektrum seiner Interessen und der Weite seines Horizonts. Bei ihm wird Leibniz' Aufmerksamkeit auf Francis Bacon, Thomas Hobbes, René Descartes und Pierre Gassendi gelenkt, und hier gewinnt er Einblick in die grundlegende Bedeutung der geometrischen Methode, so daß er noch Jahrzehnte später die mathematischen Fähigkeiten seines Lehrers ebenso lobt wie dessen davon nicht zu trennende Leistungen bezüglich der Entwicklung der Logik und der philosophischen Beweisverfahren.

Exemplarisch hat Weigel sein Bekenntnis zur Mathematik als dem Fundament der Wissenschaften in seiner Antwort auf eine gegen ihn gerichtete Schmähschrift zusammengefaßt. Sie liest sich fast wie ein Credo der Beschäftigung mit Mathematik, deren Nutzen als Forschungsinstrument er in der universellen Anwendbarkeit erkennt. So ist es nach Weigel nicht nur möglich, die Grundlinien der antiken Weisheit wieder zur Geltung zu bringen oder die Wissenschaften über einen bloßen Streit um Begriffe hinauszuführen, auch neue Erfindungen zum Nutzen des Staates sind von dieser Methode zu erwarten, die durch den Umgang mit Zahlen die Jugend an einen geordneten Lebenswandel zu gewöhnen vermag, darüber hinaus die Hartnäckigkeit der Atheisten mit ihrem höchsteigenen Instrumentarium bezwingt, um schließlich sogar die Existenz Gottes aus dem Stegreif zu beweisen [59, S. 107].

Dieses Plädoyer für die Mathematik ist auf dem Hintergrund der Tatsache zu sehen, daß sich die Universität Jena in dieser Zeit den Ruf einer Einbruchsstelle des westeuropäischen Denkens erwarb, denn sie nahm als Pflegestätte der geometrischen Methode innerhalb der lutherischen Territorien Deutschlands eine Führungsposition ein. Wenn daher Leibniz in späteren Jahren seine frühen Schriften als unter der Vorherrschaft geometrischer Denkungsart stehend charakterisiert hat, so gingen die ersten und entscheidenden Anregungen zweifellos von Erhard Weigel aus.

Im Herbstsemester 1663 ist Leibniz bereits wieder in Leipzig. Hier beginnt nun sein eigentliches juristisches Fachstudium, bei dem er ausgiebig von den vorhergehenden historischen und philosophischen Studien profitiert. Leibniz promoviert am 7. Februar 1664 zum Magister der Philosophie und habilitiert sich zwei Jahre später mit der „Disputatio arithmetica de Complexionibus" (Arithmetische Disputation über die Kombinationen) an der philosophischen Fakultät.

Bewegte sich Leibniz beim Magisterexamen mit der „Disputatio metaphysica de principio individui" (Metaphysische Disputation über das Individuationsprinzip), der noch jede Originalität der später für ihn so charakteristischen Gedankenführung fehlte, ganz in den traditionellen Denkmustern der protestantischen Schulphilosophie, so vollzieht sich mit dem Habilitationsthema als dem Beginn der Arbeit an der „Dissertatio de Arte combinatoria" (Dissertation über die kombinatorische Kunst) ein folgenreicher Wandel. Hier schlagen sich sowohl das Semester bei Weigel als auch die Studien der Moderne nieder. Schon in der Struktur der Schrift wird der Standpunktwechsel sichtbar. Leibniz schickt 20 Definitionen voraus und konzentriert sich dann auf 12

Problemata als jene Aufgaben, mit denen in der Geometrie das Ziel gesetzt ist, nicht vorhandenes ausfindig zu machen. Dem 1. und 4. Problem fügt er Theoremata an, in jedem Falle aber gibt er Anwendungen (Usus).

Mit der Konzentration auf die Problemata strebt Leibniz die Grundlagen einer Logik des Erfindens (Ars inveniendi) an, einer allgemeinen wissenschaftlichen Methode, die Erkenntnis von demonstrativer Gewißheit, d. h. notwendige und allgemeingültige Wahrheiten, verbürgen soll. Die Entdeckerfreude und Überzeugung von der Bedeutung dieser Leistung ist bis heute nachvollziehbar, führt man sich vor Augen, was er im Oktober 1671 an Herzog Johann Friedrich von Hannover schreibt:

> In Philosophia habe ich ein mittel funden, das jenige was Cartesius und andere per Algebram et Analysin in Arithmetica et Geometria gethan, in allen scientien zuwege zu bringen per Artem Combinatoriam, welche Lullius und P. Kircher zwar excolirt, bey weiten aber in solche deren intima nicht gesehen. Dadurch alle Notiones compositae der ganzen Welt, in wenig simplices als deren Alphabet reduciret, und aus solches alphabets combination wiederumb alle dinge, samt ihren theorematibus, und was nur von ihnen zu inventiren müglich ordinata methodo mit der zeit zu finden ein weg gebahnet wird. Welche invention, dafern sie wils Gott zu Werck gerichtet, als mater aller inventionen von mir vor das importanteste gehalten wird ... [A II, 1, S. 160]

Da nach Leibniz alles menschliche Erkennen in Urteilen fortschreitet, die aus Subjekt- und Prädikatbegriffen bestehen, ja diese Begriffe sich im Sinne der Kombinatorik sogar als Kombinationen verstehen lassen [A VI, 1, S. 192], formuliert er die Aufgabe, zu einem gegebenen Subjekt die Prädikate zu finden bzw. zu einem gegebenen Prädikat die Subjekte aufzusuchen, als eine mathematische. Leibniz legt so mit dem Hauptanliegen der „Dissertatio de Arte combinatoria" zugleich Studien zur Kombinatorik vor, an denen deutlich wird, wie eine ursprüngliche methodologische Fragestellung sich zu einem mathematischen Anliegen verdichtet.

Bei seinen diesbezüglichen Überlegungen stützt er sich vor allem auf Daniel Schwenter und Georg Philipp Harsdörffer. Darüber hinaus hat er auch aus dem Kommentar von Christoph Clavius zur „Sphaera" des Johannes von Sacrobosco Anregungen erhalten. Für das Verständnis der Leibnizschen Leistung ist es darüber hinaus wichtig zu wissen, daß entscheidende Fragen der Kombinatorik bis zum Erscheinen seiner Schrift schon gelöst waren, die er weder systematisch nachvollzogen noch in jedem Falle richtig gelöst hat. Zugleich aber hat er kombinatorische Probleme neu aufgeworfen, die erst Jahrzehnte später wieder ins Blickfeld der Mathematiker gerieten. Die dafür notwendigen Grundbegriffe werden bei Leibniz in einer Liste von Definitionen vorgegeben. Permutationen heißen variationes ordinis, und Kombinationen nennt Leibniz complexiones. Er unterscheidet schon, und zwar ganz im Sinne der modernen Ansicht, die Kombinationen als wesensverschieden von den Permutationen [40, S. 28]. Werden Kombinationen zu einer speziellen Klasse betrachtet, so schreibt er com2natio (combinatio) oder con3natio (conternatio) bzw. con4natio (conquaternatio) usw. Die Klasse, zu der kombiniert wird, belegt Leibniz mit dem Terminus exponens. Variationen indes werden nur verbal umschrieben. Der eigentliche inhaltliche Teil beginnt mit der Frage, wie die Kombinationen ohne Wiederholung zu einer beliebigen Klasse zu finden sind (1. Problem). Leibniz behandelt das Problem unter Verwendung der Werte des arithmetischen (Pascalschen) Dreiecks, dessen Bildungsgesetz er mit

$$\binom{n}{k} = \binom{n-1}{k} + \binom{n-1}{k-1}$$

angibt.

Bemerkenswert an der Leibnizschen Lösung sind die, im Gegensatz zu seinen Quellen einbezogenen Kombinationen zur 1. Klasse (uniones) und das Ergebnis $\binom{n}{0} = 1$, obwohl er ansonsten Kombinationen zur 0. Klasse explizit ausschließt. Die Begründung für diese offensichtliche Divergenz erhält man gelegentlich der Behandlung des 2. Problems. Leibniz ermittelt dort die Anzahl der möglichen Kombinationen ohne Wiederholungen zu einer gegebenen Zahl n und gibt sie mit $2^n - 1$ an, was freilich nur gilt, wenn die Null-Klasse keine complexiones definiert.

Folgt man der weiteren Entwicklung der „Ars combinatoria", so wird immer offensichtlicher: der zwanzigjährige Leibniz ist vor allem an den Anwendungsmöglichkeiten seiner Kombinatorik interessiert. Gleich zu Beginn des Kapitels „Usus Probl. I et II" zeigt er, wie die aristotelische Lehre von den vier Elementen Feuer, Wasser, Erde und Luft sich auf einfache Weise aus den vier Grundqualitäten warm, kalt, feucht und trocken herleiten läßt, wenn man nur nach den Regeln der Kombinatorik schließt. Klarerweise handelt es sich um ein Problem von $n = 4$ Zahlen, die zur 2. Klasse zu kombinieren sind. Stehen die vier Zahlen dabei als Charaktere für die Grundqualitäten, so ist die Lösung denkbar einfach, sie lautet in moderner Schreibweise: $\binom{4}{2} = 6$. Nun ist aber per definitionem die Kombination gegensätzlicher Qualitäten ausgeschlossen, so daß lediglich vier verbleiben, eben die vier Elemente (Abb. 3). Dieses zugestandenermaßen inhaltlich nicht gerade tief lotende Beispiel läßt jedoch aufgrund seiner Einfachheit den demonstrativen Charakter und die Problematik der Leibnizschen Methode besonders prägnant hervortreten. Wissenschaftstheoretisch ausgedrückt verbirgt sich dahinter die Schwierigkeit, disziplinäre Erkenntnis und allgemeine Wissenschaftslehre so zu vermitteln, daß daraus ein wechselseitiger Entwicklungsimpuls resultiert. Leibniz wird aus diesem Grunde sein Leben lang nach geeigneten Charakteren suchen, für die er spezielle Kalküle entwirft, um die Anpassung der „Scientia generalis" an die Verfahren der einzelnen Wissenschaften möglichst optimal zu gestalten. Und wenngleich ihm 1666 der Kalkülbegriff noch fehlt, so liegt in der Vielfalt der

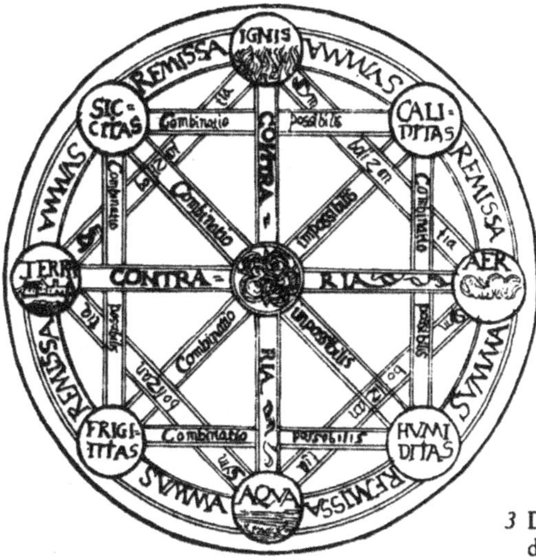

3 Die Elementenlehre im Bild der Leibnizschen Kombinatorik

Anwendungsbeispiele aus Jurisprudenz und Musiktheorie, aus der Philosophie und der Lehre vom Versmaß dieses Grundanliegen seiner Kombinatorik doch klar zutage. Es wird in dem Versuch, die Elementarbegriffe der Geometrie durch Kombinationen einfacher Begriffe zu definieren, besonders deutlich. Dafür werden als Grundbestand 27 nicht weiter reduzierbare Begriffe bzw. formale Ausdrücke vorausgesetzt (Klasse I), denen jeweils eine Zahl als Charakter zugeordnet wird, z. B.:

Klasse I — 1. Punkt. 2. Raum. 3. dazwischenliegend. ... 9. Teil. 10. Ganzes. ... 13. Eines. 14. Zahl. 15. Mehreres, z. B. 1, 2, 3, 4, 5 usw.

Klasse II — 1. Quantitas est 14. *τῶν* 9(15) (dt.: Die Quantität ist die Zahl verschiedener Teile)

Klasse III — 1. Intervallum est 2. 3. 10. (dt.: Ein Intervall ist der ganze eingeschlossene Raum)

Klasse IV — ... 3. Linea, $1/3$ *τῶν* 1 (2) (dt.: Intervall zwischen zwei Punkten, oder: der zwischen zwei Punkten eingeschlossene Raum)

Der griechische Genitiv *τῶν* symbolisiert hinsichtlich der Definitionslehre Leibniz' Reformulierung der traditionellen Logik im Kontext der Kombinatorik. Genus und differentia verlieren als Termini ihre absolute Bedeutung zugunsten der Kombinationsmöglichkeit primitiver Begriffe. Die Definition der Strecke zum Beispiel wird durch die charakteristische Zahl $1/3$ auf den 1. Term (Zähler) der 3. Klasse (Nenner) bezogen. Damit ist nicht nur die Möglichkeit gegeben, einen und denselben Sachverhalt auf verschiedene Weise formal auszudrücken, es läßt sich vielmehr progressiv ein System von Definitionen aufbauen, das Leibniz bis zur XXVII. Klasse entwickelt. Neben diesen mehr als Modell für eine Logik des Erfindens (logica inventiva) und damit der Verankerung der Geometrie in der Logik interessanten Untersuchungen legt Leibniz auch eine Reihe speziell mathematischer Ergebnisse vor. Er berechnet die Anzahl der Permutationen, Kombinationen und Variationen ohne Wiederholung sowie die Variationen mit Wiederholung zu allen Klassen. Bezüglich der Kombinationen mit Wiederholung löst er das Problem, wie viele es zu speziellen Klassentypen gibt. Ausgesprochen originäre Leistungen verzeichnet die Dissertation von 1666 mit der Aufnahme der Untersuchung von Permutationen mit beschränkter Stellenzahl, von zyklischen Permutationen und von Ansätzen zu einer Theorie der Partitionen, die sich für die späteren algebraischen Studien als wichtig erweisen sollten [40, S. 53].

Die „Dissertatio de Arte combinatoria" wurde im März 1666 in Leipzig gedruckt, doch schon Ende September befindet sich Leibniz auf dem Weg zu der kleinen Universität Altdorf bei Nürnberg. Dem vorausgegangen war ein Versuch, an der juristischen Fakultät der Leipziger Universität zum Doktor beider Rechte zu promovieren, um die Universitätslaufbahn einschlagen zu können. Das Anliegen zerschlug sich jedoch, als die Fakultät Rechte älterer Kandidaten geltend machte, die dem Zwanzigjährigen eine grundsätzliche Entscheidung abverlangten. In einer späteren Erinnerung an diese Zeit heißt es:

> Als ich merkte, wie die List meiner Nebenbuhler auf den Beschluß der Fakultät einen Einfluß gewann, wandte ich meinen Sinn auf Reisen und auf die mathematischen Disziplinen und hielt es für unwürdig, wenn ein junger Mann wie mit einem Schloß an einen bestimmten Ort gekettet sei. Denn lange schon brannte mein Geist danach, im Studium größeren Ruhm zu gewinnen und die Fremde kennenzulernen. [L 11, S. 404]

In Altdorf angekommen, hatte er bereits nach wenigen Wochen sein juristisches Doktorexamen bestanden. Mit der „Disputatio de casibus perplexis in jure" (Disputation über verwickelte Rechtsfälle) traf er offenbar in einem Maße den Nerv der geistigen Atmosphäre dieser Universität, daß man ihm unmittelbar nach der Promotion eine Professur antrug. Nun aber konnten ihn weder die an Jena orientierte protestantisch-reichsstädtische Universität mit ihrer modernen Universitätspolitik noch der Zirkel um Daniel Wülfer länger halten, in dem er erstmals mit chemischen Studien und Experimenten vertraut gemacht wurde. Leibniz zog es nach Holland.

Im Herbst 1667 bricht er nach Frankfurt am Main auf, wo er die für ihn schicksalhafte Bekanntschaft des angesehenen Gelehrten und langjährigen Ministers im Dienste des Mainzer Kurfürsten, Johann Christian Boineburg, macht. Der Freiherr Boineburg war zweifellos eine der interessantesten Persönlichkeiten in der deutschen Politik nach dem Westfälischen Frieden, der zudem die außerordentliche Begabung des jungen Leibniz erkannte, ihn in höfische Kreise einführte, zu gelegentlichen diplomatischen Missionen heranzog und mit dem Erstellen eines Index für seine umfangreiche Bibliothek beauftragte. Die in Boineburgs Auftrag verfaßten Denkschriften zu politischen und theologischen Problemen gaben Leibniz reichlich Gelegenheit, sein Wissen über rechtlich-politische Fragen zu erweitern. Unter seinem Einfluß verließ Leibniz erstmals die enge Studierstube akademischer Gelehrsamkeit, um sich dem politischen und diplomatischen Leben seiner Zeit zu öffnen. Er reifte zu einem erfolgreichen Rechtsgelehrten, der sich in jungen Jahren bereits einen beachtlichen Platz in der damaligen Ämterhierarchie sichern konnte. Nachdem Leibniz nämlich dem Mainzer Kurfürsten Johann Philipp von Schönborn seine „Nova Methodus discendae docendaeque jurisprudentiae" (Eine neue Methode die Jurisprudenz zu lernen und zu lehren) gewidmet hatte und von diesem an der Mitarbeit zur Neuordnung am „Corpus juris" herangezogen worden war, avancierte der nun im Dienste des aufgeschlossenen Kurfürsten stehende Leibniz in kurzer Zeit zum Rat am kurmainzischen Revisionsgericht. Früh erlernte Leibniz hier die Kunst der politischen Vermittlung und des Ausgleichs der Interessen, denn der Erzbischof von Mainz, der zugleich Kurfürst und Erzkanzler des Reiches war, verfolgte als Politiker zwar die gleichen Ziele wie Boineburg, doch gingen beide dabei verschiedene Wege.

Frühe Versuche naturphilosophischer Standortbestimmung

In dieser Zeit entstand auch eine Schrift, die für Leibniz' naturphilosophische Ansichten am Ende der sechziger Jahre charakteristisch ist, die „Confessio naturae contra Atheistas" (Naturbekenntnis gegen die Atheisten). „In Ruhe, doch ohne Vorarbeiten in einem Gasthofe" niedergeschrieben [47, S. 13], gelangte sie über Philipp Jakob Spener in die Hand des Augsburger Theologen Gottlieb Spitzel, der sie im Anhang zu seiner Abhandlung über die Ausrottung des Atheismus drucken ließ. Die durch ihre ungewöhnliche Entstehungsgeschichte schon interessante Schrift (Spitzel ließ sie ohne Leibniz' Wissen und Namen drucken, hat ihr dafür aber einen Titel gegeben) markiert darüber hinaus auch inhaltlich einen folgenreichen Punkt naturphilosophischer Neubesinnung.

Wie wir wissen, hatte sich Leibniz während der ersten Universitätssemester mit der philosophischen Moderne vertraut gemacht und sich nach einem Spaziergang im Leipziger Rosental endgültig gegen die aristotelischen substantiellen Formen, d. h. für die mechanische Naturphilosophie entschieden. Das ist die Zeit, in der er seine „Jugendliebe" (Kurd Lasswitz) für die Atomistik entdeckt. In dem „Naturbekenntnis gegen die Atheisten" von 1668 wird diese Haltung zweifellos erneuert, jedoch nicht kritiklos. Zwar betont er die Notwendigkeit, natürliche Zusammenhänge mechanisch, d. h. durch Größe, Gestalt und Bewegung zu erklären, und sogar ineinandergreifende Gestalten wie Haken, Widerhaken, kleine Ringe, Krümmungen usw. will er als Ursachen des Zusammenhalts der Körperbestandteile gelten lassen. Doch er ergänzt: „Woher aber stammt ihre Festigkeit? Sollen wir Haken von Haken annehmen bis ins Unendliche?" [A VI, 1, S. 492] Denjenigen will er einen großen Philosophen nennen, der ihm die Festigkeit auf atomistischer Grundlage erklärt. In einem späteren Brief an Heinrich Oldenburg, den Sekretär der Royal Society in London, findet er dafür mit der Frage: „Weshalb eigentlich treibt der Wind uns statt der Köpfe die Hüte fort?" [A II, 1, S. 63] die treffende Metapher.

Für Leibniz ist in diesem Stadium der Gedankenentwicklung klar: was den Physiker befriedigt, muß längst nicht philosophisch hinreichend sein. Auf diese Weise wächst das Problembewußtsein für die Antinomien des Atomismus. 1668 wird es noch durch die korrigierende Einführung Gottes (deshalb der Titel) gleichsam beiseite geschoben. Doch Leibniz ist nun auf dem Wege, die Einheit der Welt, ein einheitliches Weltbild zu entwerfen, ohne auf die Atome oder Gott verzichten zu müssen. Er will das Weltganze begreifen und zwar unter Voraussetzung der Wissenschaften seiner Zeit und der ideologischen Formen des zeitgenössischen Bewußtseins. Das aber erfordert ebenso kühne wie neuartige Denkansätze, als deren früheste Dokumente jene zwei Briefe an Jakob Thomasius gelten, die als sein „erster Systementwurf" (Konrad Moll) in die Leibnizliteratur eingegangen sind.

Leibniz legt sich darin die Frage vor, ob das, was Aristoteles abstrakt über Materie, Form und Veränderung abgehandelt hat, im Sinne der philosophischen Moderne unter strikter Anwendung der Begriffe Größe, Figur und Bewegung zu erklären sei. Es sind deutlich naturphilosophische Probleme, die ihn dazu anregen, die bereits erwähnten Schwierigkeiten mit der Kohäsion, aber auch die in der „Confessio naturae" diskutierte Frage, welches denn der Grund für das Entstehen einer bestimmten Körperkonfiguration sei, die er im Atomismus nicht beantwortet findet. Leibniz schließt mit Aristoteles, daß Formen ebensowenig aus sich entstehen können, wie umgekehrt die Materie als formlos zu unterstellen sei. Vielmehr besitze die Materie immer schon eine Disposition zu bestimmter Form, und die Veränderung der Formenvielfalt könne auf Bewegung, und zwar auf Ortsbewegung zurückgeführt werden. „Ergo", schreibt Leibniz, „Geometria agit de forma substantiali", die Geometrie handelt von der substantialen Form der Körper [A II, 1, S. 20]. Daraus aber folgt, sie konstruiert Figuren als Bewegungen und ist deshalb eine wahre Wissenschaft.

Aus dem Text des Thomasius-Briefes vom April 1669 geht hervor, daß Leibniz den Aristoteles nicht einfach in eine andere Sprache, die geometrische übersetzen will. Damit wäre die Geometrie noch nicht als wahre Wissenschaft ausgewiesen. Es kommt ihm vielmehr darauf an, die Notwendigkeit geometrischer Analyse philosophisch zu begründen, um so die Hypothesenvielfalt in der Naturforschung seiner Zeit auf ihre methodische Einheit zu verweisen und sich selbst die Voraussetzungen zu schaffen, für unbefangenes und

direktes Zugehen auf die Probleme und Fragen der positiven Wissenschaften. Ausschlaggebend dafür wurde eine Begegnung mit Erich Mauritius in Bad Schwalbach, wo sich Leibniz als Begleiter des dort zur Kur weilenden Boineburg im Sommer 1669 aufhielt. Der Kieler Jurist und Jungius-Schüler machte Leibniz auf zwei Veröffentlichungen der Philosophical Transactions der Londoner Royal Society aufmerksam, die sofort sein Interesse fanden. Gemeint sind die Aufsätze von Christopher Wren und Christiaan Huygens über den elastischen Stoß. Von diesem Gegenstand auf der Stelle ganz eingenommen, setzte Leibniz unmittelbar nach der Lektüre seine eigene Auffassung dagegen, die er freilich später mehrmals überarbeitete, bis sie schließlich 1671 als „Theoria motus abstracti" (Theorie der abstrakten Bewegung) bzw. „Hypothesis physica nova" (Neue physikalische Hypothese) zu Urkunden seiner ersten eigenständigen naturphilosophischen Denkleistungen wurden.
Die Kontroverssituation entfaltete sich vor allem an den von Huygens mitgeteilten Stoßregeln, die für die damalige Zeit ein völlig neues Niveau im physikalischen Verständnis von Stoßprozessen markierten. Huygens hatte anhand von Fallunterscheidungen bezüglich des zentralen elastischen Stoßes, d. h. ausgehend von variierenden Versuchsbedingungen, in bis heute gültiger Form das physikalische Problem gelöst, wie bei gegebener Anfangsverteilung der Geschwindigkeiten der Stoßpartner deren Endverteilung nach erfolgtem Stoß anzugeben sei. Beschränkt man sich auf zwei Körper und ist das Kraftgesetz der Bewegung unbekannt, so benötigt man dafür zwei Gleichungen, die Huygens – modern gesprochen – mit dem Energie- und Impulserhaltungssatz voraussetzt.
Leibniz' Einwand stellt nun Huygens' Ergebnisse nicht generell in Frage. Er macht vielmehr dessen Methodenstandard zum Zielpunkt der Kritik und spitzt das Problem auf die Frage zu: Können Regeln, die abstraktiv unter definierten experimentellen Bedingungen erschlossen wurden, allgemeingültige Bewegungsgesetze liefern, oder wird in ihnen nur empirisch-zufällig ein besonderer physikalischer Zustand protokolliert? Leibniz vermißt bei Huygens den Nachweis der Wahrheit seiner Regeln in logisch stringenter Form. Mit der „Theoria motus abstracti" legt er eine geschlossene Ausarbeitung dieses Themas vor. Nach Art der Geometer beginnt er mit Definitionen, um zu beweisbaren Grundsätzen (fundamenta praedemonstrabilia), zu Lehrsätzen (theoremata), Problemen (problemata) und der Nutzanwendung (usus) fortzuschreiten. Durch Definitionen wird unter anderem über die Art verfügt, wie der Bewegungsablauf von Körpern geometrisch zu beschreiben ist. Leibniz führt als geometrische Repräsentanten Strecken ein, deren Länge ein Maß für den unterstellten Bewegungsablauf liefert. Die Definitionen legen darüber hinaus fest, was überhaupt unter einem Stoß zu verstehen ist. Das Ziel der Leibnizschen geometrischen Bewegungslehre läuft dann darauf hinaus, unter der Voraussetzung, daß jede physikalische Bewegungsanalyse endliche, d. h. diskrete Maße als Meßgrößen voraussetzen muß, dennoch die Bewegung als

eine kontinuierliche denken zu können. Das Grundsätzliche dieser Fragestellung wird von Leibniz an einer speziellen Erkenntnissituation diskutiert, an dem Problem, wie im Rahmen einer geometrischen Bewegungstheorie Anfang und Ende der Bewegung zu erfassen sind. Wird nämlich ein besonderer Bewegungsablauf durch eine Strecke dargestellt, wie es Leibniz in seinen Definitionen für ein einfaches Beispiel vorschlägt, so ist weder über dessen Anfang etwas gesagt, noch über sein Ende. Man kann sich der Lösung des Problems jedoch durch einen fiktiven Grenzübergang nähern. Dafür ist eine in Frage stehende Strecke *a* zunächst zu halbieren, die Teilstrecken, da sie ebensowenig Aussagen über Anfang und Ende der Bewegung machen, sind wieder zu halbieren usw. Das aber läuft auf einen Grenzübergang für eine

Folge von Ausdrücken $\left\{\frac{a}{2^n}\right\}$ mit $n \to \infty$ hinaus.

Solange man im Bereich wohlbestimmter und endlicher Werte für *n* bleibt, ist klar, daß das Teilungsverfahren stets auf endliche Streckenabschnitte führt und bezüglich der Leibnizschen Fragestellung nichts Neues bietet. Interessant wird es erst im Unendlichen, das Leibniz' Lösungsvorschlag in Form der Punktdefinition enthält. Danach ist unter einem Punkt nicht das zu verstehen, was keinen Teil hat oder dessen Teil nicht betrachtet wird, sondern dasjenige, das keine Ausdehnung besitzt oder dessen Größe für den sinnlichen Verstand nicht erfaßbar ist, da es kleiner ist als jede angebbare Größe. Um sich deutlicher zu machen, verweist Leibniz auf Cavalieris Methode der Indivisiblen [A VI, 2, S. 265]. Er will in diesem Sinne den Punkt als eine geometrische Entität verstanden wissen, der von anderer Qualität als eine Strecke ist, weil jede Teilung von Strecken aus dieser geometrischen Struktur nicht hinausführt, und sei sie auch noch so klein. Deshalb seine Attitüde gegen Euklid und Hobbes, die zur Definition des Punktes doch immer Teil und Ganzes voraussetzen, was für ihn auf den untauglichen Versuch hinausläuft, mit den Kategorien des endlichen Verstandes etwas Unausgedehntes und mithin Unteilbares erfassen zu wollen.

Leibniz unternimmt es daher, im Gegenzug die sinnliche Tatsache der Ausdehnung in Raum und Zeit durch einen Begriff (Punkt) zu erfassen, der das Merkmal endlicher Ausdehnung per definitionem gar nicht aufweist. Die Ausdehnung wird nicht mehr wie bei Descartes philosophisch vorausgesetzt, sondern nach ihrer Genese befragt, und auf diese Weise gelingt es Leibniz, die Kontinuität der Bewegung zu denken, ohne auf ihre Beschreibbarkeit durch endliche Größen verzichten zu müssen. Zum Schlüsselbegriff dieser Konzeption wird der Conatus. Es handelt sich dabei um ein in den Bewegungstheorien des 17. Jahrhunderts häufig verwendetes theoretisches Konstrukt, dem Leibniz aufgrund seiner frühen Überlegungen zum Kontinuitätsproblem einen besonderen Inhalt gibt. Er versteht darunter das infinitesimale Element der Bewegung, das sich wie der Punkt zur Strecke verhält. Mit dem Conatus findet er jenes Moment der Bewegung, das selbst nicht ausgedehnt ist und mithin unteilbar, die Bewegung aber dennoch zu einem die Extension umfassenden Ganzen macht, indem es als Strebung bzw. als Tendenz zur Bewegung den Anfang und das Ende derselben zu denken ermöglicht.

Nun heißt aber eine Bewegung geometrisch erfassen, ihr Dasein in Raum und Zeit zu bestimmen, und es verwundert nicht, daß bezüglich der Zeitpunkte und ihrer Entfaltung in der Zeit sinngemäß alles bisher Ausgeführte zutrifft, mit einer Ausnahme: Während sich die Unterschiedenheit der einzelnen Bewegungen in ungleichen Conatus ausdrückt, verlangt Leibniz von der Zeit: „instans vero instanti aequale" [A VI, 2, S. 266], d. h., die Zeitpunkte sind untereinander gleich. Daher ist die Zeit durch die gleichförmige Bewegung und die ihr entsprechende Strecke darzustellen. Damit aber ist klar, daß sich nicht nur verschiedene Bewegungen durch das Verhältnis ihrer Strecken zueinander vergleichen lassen, denn ihr in Zahlen ausdrückbares Verhältnis bleibt im Infinitesimalen erhalten. Leibniz ist auch in der Lage, den Begriff der Geschwindigkeit als infinitesimale Größe einzuführen, und in der Tat gilt ihm in den späteren dynamischen Schriften der Conatus als Terminus für die nun vektoriell bestimmte Größe der Geschwindigkeit [L 10, S. 11].

Die naturphilosophischen Konsequenzen aus dieser Bewegungstheorie können an dieser Stelle nicht weiter verfolgt werden [24]. Im Rahmen der beabsichtigten Skizze ist vielmehr die Frage wichtig, wie Leibniz, diese Theorie voraussetzend, Huygens' Regeln als wahr begründet. Den entscheidenden Hinweis gibt er gelegentlich der Diskussion der „Problemata specialia". Er führt dort aus, daß es allein der Hinzunahme des Äthers bedarf, um aus der „Theoria motus abstracti" die „Theoria motus concreti" abzuleiten. Das geschieht in der „Hypothesis physica nova".

Sie beruht auf allgemeinen kosmologischen Vorstellungen über die Bewegung der Sonne und der Planeten, deren Zwischenraum durch eine subtile Materie, den Äther, erfüllt ist. Der Äther hat kein Gewicht, und seine Teile üben keine Wechselwirkung aufeinander aus [A II, 1, S. 147]. Er ist insgesamt zunächst in Ruhe, wird aber durch eine doppelte, von der Sonne ausgehende Bewegung (Eigendrehung und Ausstrahlung subtiler Materie) in eine Kreisbewegung versetzt.

Diese universelle Ätherbewegung gibt den Erklärungsgrund für alle im 17. Jahrhundert bekannten naturwissenschaftlichen Phänomene ab, für die Gravitation, die Elastizität, den Magnetismus, für chemische Reaktionen u. a. Das Gewicht z. B. wird durch die Zirkulation des Äthers um die Erde erklärt: Da jeder Körper aufgrund seiner körnigen Struktur für die Ätherbewegung ein Hindernis darstellt und die radiale Komponente der Geschwindigkeit mit der Entfernung vom Zentrum wächst, wird diese Störung durch die homogene Ätherbewegung paralysiert und der Körper in Richtung aufs Zentrum hin abgedrängt. Auch das für das Verständnis der Stoßgesetze wichtige Problem der Elastizität findet auf diese Weise seine Lösung. Ähnlich der Gravitation erscheint die Elastizität als Störung der homogenen Ätherbewegung, deren Wiederherstellung allerdings nicht durch eine Bewegungsänderung des störenden Körpers erfolgt. Geändert wird durch Druck und Stoß nur die Gestalt des Körpers. Dadurch kommt es zum Herauspressen des im Körper befindlichen Äthers, der nun seinerseits die äußere homogene Ätherströmung stört. Diese aber bewirkt in ihrem Erhaltungsstreben, daß nach dem Ende des Stoßes der Äther zurückströmt und damit die ursprüngliche Gestalt des Körpers wieder hergestellt wird. Daraus wird dann der zentrale elastische Stoß erklärbar und zwar in Übereinstimmung mit den Regeln von Huygens und Wren als Austausch von Ätherquantitäten [A VI, 2, S. 231].

Die „Theoria motus abstracti" ist für diese Lösung insofern theoretische Voraussetzung, als die Ätherteilchen jeweils einen bestimmten Conatus besitzen, so daß die Prinzipien der philosophisch-geometrischen Bewegungslehre auch für experimentell konstatierbare Bewegungen gültig bleiben. Und da im Rahmen dieser philosophischen Theorie überhaupt erst erklärt wird, was unter einem Stoß zu verstehen ist, bildet Leibniz' „Theorie der abstrakten Bewegung" die notwendige Voraussetzung einer wissenschaftlichen Auseinandersetzung mit dem Phänomen des elastischen Stoßes. Damit wird auch klar, worin die Wahrheit der Phänomene ihre entscheidende Stütze besitzt: Die a priori gültigen, weil geometrisch konstruierbaren philosophischen Sätze der „Theoria motus abstracti" verbürgen die wissenschaftliche Gewißheit der Erfahrungsurteile.

Für Leibniz sind die beiden 1671 fast gleichzeitig erscheinenden Theorien, die er der Londoner Royal Society bzw. der Académie des Sciences in Paris widmet, in den besonderen Inhalten ihrer Grundaussagen somit erst dann ausschöpfbar, wenn sie aufeinander bezogen werden. Während die abstrakte Bewegungslehre Voraussetzungen jeder theoretischen Aneignung der Natur formuliert, hebt ihr Komplement vornehmlich auf die Faktizität experimenteller Bewegungsanalyse als physikalischer ab. Sie bedürfen daher der wechselseitigen Ergänzung.

Beide Arbeiten unterbreitete Leibniz der wissenschaftlichen Kritik bedeutender Gelehrter seiner Zeit, u. a. waren Heinrich Oldenburg in London, Christian Thomasius in Halle, der Jungius-Schüler Martin Fogel und Otto von Guericke seine Adressaten. Antwort erhielt er allein von Guericke. Dennoch wird in dieser Zeit der Grundstein für jene einzigartige und bis heute längst nicht vollständig erschlossene Gelehrtenkorrespondenz gelegt, deren Edition auch bezüglich der Leibnizschen mathematischen und naturwissenschaftlichen Leistungen neue Einsichten verspricht. Die Initialzündung von 1669 mündet aber zunächst erst einmal in ein Theoriengebäude, mit dem eine relativ eigenständige Entwicklungsetappe in Leibniz' Natur- und Wissenschaftsverständnis abgeschlossen wird.

Bereits fünf Jahre später genügen die Detailergebnisse von 1671 seinem Erkenntnisanspruch nicht mehr. Er konstatiert zu wenig Vertrautheit mit der

Geometrie, hält aber generell einen Ansatz für tragfähig, der Naturerkenntnis dadurch metaphysisch fundiert, daß vermittels der Geometrie ein Brückenschlag von den Vernunftwahrheiten zu den Daten der physikalischen Erfahrung vollzogen wird, um die Willkürlichkeit möglicher Hypothesen ebenso auszuschließen wie umgekehrt die Wahrheit der Phänomene zu begründen [A II, 1, S. 288ff.]. Dazwischen liegen die vor allem mathematisch ertragreichen Jahre von Paris.

Leibniz in Paris

Als Leibniz am 19. März 1672 die Reise nach Paris antritt, führt er in seinem Gepäck einen Plan, von dem die Legende will, daß er, mehr als 100 Jahre später in französischen Archiven aufgefunden, Napoleon die entscheidenden Anregungen für seinen Zug nach Ägypten gegeben haben soll. In der Vielzahl der so ungewöhnlichen Entstehungsgeschichten, Schicksale und Wirkungslinien Leibnizscher Schriften ist diese jedoch nur eine, wenn auch schön erfundene Legende geblieben. Denn das „Consilium Aegyptiacum", von dem hier die Rede ist, hat seinen Adressaten, Ludwig XIV., nie erreicht und selbst die Empfehlungsschreiben, die dem jungen Diplomaten den Weg zu einer Audienz ebnen sollten, liegen bis heute wohlverwahrt im Leibniz-Nachlaß in Hannover.

Die Denkschrift selbst, ein diplomatisch und psychologisch ausgeklügelter Plan, war als Versuch angelegt, das französische Expansionsstreben von Europa weg nach Ägypten zu verlagern, denn die Lage in Europa hatte sich zugespitzt. Mit der Besetzung Lothringens durch Frankreich stand nicht nur ein Angriff auf die Niederlande unmittelbar bevor, auch der Gefährdung des Deutschen Reiches war entgegenzuwirken. In dieser fast ausweglosen politischen Situation wollte Leibniz' „Consilium Aegyptiacum" durch einen kühnen Vorschlag den Frieden für Europa erhalten, indem er darauf baute, daß die alte ägyptische Kultur, die ökonomisch wenig erschlossenen Gebiete dieser Region sowie die Möglichkeiten der Beherrschung des Mittelmeeres und der Weg in den Fernen Osten dem jungen und ehrgeizigen Sonnenkönig ein Äquivalent für seine politischen und militärischen Ziele in Europa bieten könnten. Als er jedoch nach zwölftägiger Reise in Paris ankam, war dieser Plan durch die politischen Ereignisse bereits überholt. England hatte den Niederlanden schon den Krieg erklärt und Frankreich folgte kurz danach. Leibniz war mit diesem von Boineburg unterstützten und zunächst völlig geheim gehaltenen Hauptanliegen seiner Reise zu spät gekommen.

Indes reiste der junge Revisionsrat nicht allein in dieser Angelegenheit. Vielmehr war sie mit einem Auftrag Boineburgs verbunden, die pünktliche Zahlung von Einkünften aus einem Gut in den Ardennen sowie ausstehende Gratifikationen des französischen Königs sicherzustellen, und freilich verknüpfte er persönlich mit dieser Mission auch Beweggründe ganz anderer Art. Nach Paris zog ihn die Persönlichkeit des unvergleichlichen Christiaan Huygens ebenso wie die Aussicht auf einen Platz in der Pariser Akademie, nachdem seine „Theoria motus abstracti" wohlwollende Annahme gefunden hatte. Kaum angekommen, zweifelte Leibniz noch, ob er angesichts der veränderten

Lage lange würde bleiben können, doch bald schon überläßt er sich dem Sog des so ungewohnten und überaus reichen kulturellen und geistigen Lebens. Im Herbst hat er die erste Begegnung mit Huygens, er erlebt Molière in seinen eigenen Stücken auf der Bühne, es folgen Bekanntschaften mit dem Techniker Gilles Fileau des Billettes, dem Mathematiker Jacques Buot, im Hause des Philosophen Antoine Arnauld lernt er dessen Freund und Mitarbeiter Pierre Nicole kennen, den Mitautor der Logik von Port Royal, ja selbst ein Besuch bei dem Lehrer Spinozas, Franz van den Ende, bleibt nicht aus. Von dieser ersten Kontaktaufnahme mit der intellektuellen Elite der französischen Metropole ging dann auch der entscheidende Anstoß für die intensivere Beschäftigung mit der Mathematik aus, und kein geringerer als Huygens selbst sorgte für Leibniz' erste größere mathematische Entdeckung.

Erste mathematische Entdeckung

Der Kontext, in dem sie möglich wurde, ist charakteristisch für Leibniz' Denkstil. Wie bereits 1666 in der „Dissertatio de Arte combinatoria" ist der Ausgangspunkt ein logisch-philosophischer. Leibniz postuliert, daß in einen logischen Schluß als unbewiesene Wahrheiten nur Definitionen und Identitäten eingehen dürfen, und er gibt in dem Manuskript „Demonstratio propositionum primarum" (Beweis der ersten Lehrsätze) das euklidische Axiom: Das Ganze ist größer als der Teil, als exzellentes Beispiel für einen solchen Schluß an. Interessant daran ist, in welcher Weise allgemeine Methodenüberlegungen dieser Art bei Leibniz mathematisch relevant werden.
Ein schon seit den Zeiten Euklids mit wechselnder Vehemenz umstrittenes Problem, die Gültigkeit des genannten Axioms für den Kontingenzwinkel, d. h. jenen unendlich kleinen Winkel, den zwei aufeinanderfolgende Tangenten an einer Kurve miteinander bilden, lieferte dafür das passende Reflexionsmedium. In Methodenfragen seit seiner frühen Jugend geschult, erkennt Leibniz in den leidenschaftlichen mathematischen Debatten sogleich ein metatheoretisches Problem und versucht von daher den Gegensatz der Opponenten zu verstehen. Er bringt also nicht schlechthin eine neue Position in den Streit ein, sondern fragt nach dessen generellen Voraussetzungen. Daß nämlich die Gültigkeit des euklidischen Axioms für den Kontingenzwinkel in Frage stand, nach Leibniz deshalb, weil ihm der Größencharakter fehlt, konnte doch nur bedeuten, daß dieses Axiom beweisbar sein mußte. Der von Leibniz gelieferte Beweis aus Definitionen und Identitäten wurde von der Fachwelt mild belächelt, und doch ist er als Ouvertüre zu der nun folgenden, ersten mathematischen Leistung der Pariser Zeit anzusehen.
Im Gegensatz zur allgemein pejorativen Haltung seiner Zeitgenossen hinsichtlich der Bedeutung des Identitätsaxioms bringt ihm gerade dessen bewußte und methodologisch fundierte Anwendung mathematischen Erfolg. Viel ziel-

strebiger als noch 1666 wird jetzt auf speziell mathematische Fragestellungen abgehoben. Leibniz leitet zunächst den Hauptsatz über die Summation aufeinanderfolgender Glieder einer Differenzreihe her, indem er in der erläuterten Weise streng syllogistisch schließt: Gegeben seien die Glieder einer Reihe

$$a_0 < a_1 < a_2 < a_3 < \ldots < a_n$$

sowie jene der Differenzreihe

$$b_0 = a_1 - a_0,\ b_1 = a_2 - a_1, \ldots, b_{n-1} = a_n - a_{n-1}.$$

Aufgrund der Identität

$$a_0 - a_0 + a_1 - a_1 + a_2 - a_2 + \ldots + a_n - a_n = 0$$

folgt dann für die Differenzreihe:

$$b_0 + b_1 + b_2 + \ldots + b_{n-1} = a_n - a_0,$$

d. h., die Summe einer Differenzreihe ist gleich der Differenz der äußersten Glieder der ursprünglichen Reihe.
Dieses Ergebnis teilte Leibniz Huygens bei ihrem ersten Gespräch mit, wobei er die stets durchführbare Reihensummierbarkeit auch für eine unendliche Gliederzahl behauptete. Der von Oldenburg schon auf den jungen Deutschen mit der Empfehlung:

> Er scheint kein gewöhnlicher Geist zu sein, sondern hat genau geprüft, was die großen Philosophen der Antike und der neueren Zeit über die Natur gesagt haben, und da er viele offene Probleme vorfand, hat er versucht, sie zu lösen, [HO 7, S. 56; 47, S. 22]

eingestimmte Huygens nimmt ihn sogleich beim Wort und will nun seinerseits die Probe aufs Exempel machen. Huygens stellte ihm die Aufgabe, die Summe der reziproken Dreieckszahlen, d. h. jene des arithmetischen Dreiecks

$$\frac{1}{1} + \frac{1}{3} + \frac{1}{6} + \frac{1}{10} + \cdots$$

zu finden, deren Lösung er schon kannte, und er wies ihn auch auf die zugehörige Literatur hin: John Wallis' „Arithmetica infinitorum" und das „Opus geometricum" des Gregorius a S. Vincentio sollte er durcharbeiten. Letzterer hatte die geometrischen Reihen ziemlich ausführlich behandelt und sich dafür eines geometrischen Konstruktionsverfahrens bedient. Das Fazit der Lektüre besteht für Leibniz in der Feststellung: Man darf diejenigen Strecken, die die geometrische Reihe repräsentieren sollen, nicht hintereinander ansetzen, sondern muß sie im gleichen Punkt beginnen lassen. In diesem Falle nämlich werden die Differenzen der aufeinanderfolgenden Reihenglieder zur Ausgangsreihe proportional. Indem er so verfährt, kann Leibniz sein Differenzreihenprinzip für Gregorius' Problemstellung fruchtbar machen. Der Differenz $a_n - a_0$ entspricht in diesem Fall die Strecke $AB = 1$ (Leibniz setzt im Anschluß an Galilei $\infty = 1$), so daß für unser Beispiel (Abb. 4) die Differenz der Strecken und deren Summe

$$\sum_{n \to \infty} b_n = \frac{2}{3} + \frac{2}{9} + \frac{2}{27} + \cdots = 1$$

unmittelbar ablesbar wird, woraus als Summe für die zugehörige ursprüngliche Reihe

$$\sum_{n \to \infty} a_n = \frac{1}{3} + \frac{1}{9} + \frac{1}{27} + \cdots = \frac{1}{2}$$

4

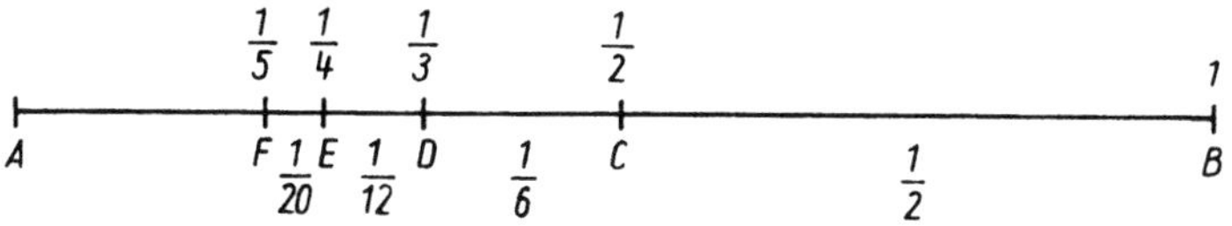

5

folgt. Huygens' Aufgabe läßt sich nun in der gleichen Weise lösen (Abb. 5). Da auch hier

$$\sum_{n \to \infty} b_n = \frac{1}{2} + \frac{1}{6} + \frac{1}{12} + \frac{1}{20} + \cdots = 1$$

gilt, besteht die Lösung in einer Multiplikation mit 2, denn diese ergibt für die b_n die Glieder der reziproken Dreieckszahlen. Nachdem dieses Verfahren einmal entdeckt war, ließen sich sämtliche von Gregorius gegebenen Reihenentwicklungen auf einfache Weise bestätigen. Um die Summe einer geometrischen Reihe 1, b, b^2, ... zu finden, waren jetzt nur noch die Differenzen gemäß $b^n - b^{n+1} = b^n(1 - b)$ zu bilden, die aufgrund der Proportionalität zur Ausgangsreihe dann die Lösung ermöglichten. Auch in diesem Falle hat Leibniz' Suche nach einer Methode, aus deren Anwendung sich die Vielheit der geometrischen Konstruktionen nur mehr als verschiedene Lösungen einer Klasse gleichartiger Probleme verstehen ließ, den Erfolg gebracht.
Die dem sprichwörtlichen Heureka gleichkommende Begeisterung über die angenommene und mit Bravour bewältigte mathematische Herausforderung konnte der nun erstmals den Fieberrausch des Erkennens durchlebende Leibniz nicht lange für sich behalten. Huygens erwies sich als sensibler Mentor, der sich über das Ergebnis und die Methode ebenso freuen konnte wie Leibniz selbst. Als er ihm dann auch noch die eigene Summierung vorführte, war der Triumph perfekt und Leibniz entschlossen, in Paris sein mathematisches Talent zu erproben.

Doch die Freude währte nicht lange, denn inzwischen war in politischer Mission eine kurmainzische Gesandtschaft eingetroffen, die Leibniz an seinen ursprünglichen Auftrag erinnerte. Sie sollte die Zustimmung Ludwigs XIV. für einen allgemeinen Friedensschluß zu Köln erwirken, hatte jedoch keinen Erfolg und begab sich anschließend nach London, um im gleichen Sinne auf die englische Regierung einzuwirken. In ihrem Gefolge trifft auch Leibniz im Januar 1673 in London ein.

Dialoge und Kontroversen

Sobald als möglich suchte er Oldenburg auf, mit dem er bereits seit 1670 korrespondierte, jenen Landsmann und Sekretär der Royal Society, der ihm seinerzeit den Londoner Druck der „Hypothesis physica nova" vermittelt hatte. Auch in London erwies sich Oldenburg als sachkundiger und einfühlsamer Förderer. Für den 1. Februar 1673 arrangierte er die Vorführung eines Modells der Leibnizschen Rechenmaschine (siehe besonderes Kapitel) auf der Sitzung der Londoner Akademie, womit Leibniz' etwa vierjährige Beschäftigung von den vermutlich frühesten Überlegungen und Prinzipskizzen bis hin zum technischen Konstrukt einen ersten relativen Abschluß fand. Eine Woche später schon ermöglichte er ihm die Teilnahme an einer weiteren Sitzung, jener denkwürdigen, auf der Oldenburg René François de Sluses Tangentenbrief verlas. Weit wichtiger aber war für Leibniz zu dieser Zeit noch das anschließende Zusammentreffen mit Robert Moray, der ihn auf Samuel Morland und dessen Rechenmaschine aufmerksam machte. Nun überschlugen sich fast die Ereignisse. Oldenburg verabredete ein Zusammentreffen für die nächsten Tage, auf dem die Konkurrenten ihre Maschinen vorstellen sollten. Der Wettbewerb ging hier noch deutlich zu Gunsten Leibnizens aus, denn Morlands Rechenmaschine führte die Multiplikation und Division nicht automatisch, sondern mit Hilfe der sogenannten Neperschen Stäbe aus. Diffiziler gestaltete sich die Visite bei Robert Boyle, der Leibniz' brennendem Interesse für chemische Versuche nur sehr zögernd nachgab, ihn jedoch mit John Pell, dem neben Wallis führenden Mathematiker Englands, bekannt machte. Der sich gewandt und selbstsicher gebende Leibniz, der zudem jene Kühnheit besaß, die man zu haben pflegt, wenn die ersten beachtlichen Erfolge noch den Mangel an einem breiten Grundlagenwissen verdecken, das für den sicheren und dauerhaften Gang der wissenschaftlichen Arbeit erforderlich ist, teilte diesem sofort mit, er sei im Besitz einer allgemeinen Methode zur Darstellung und Interpolation von Reihen vermittels eines Gefüges von Differenzreihen. Als ihm jedoch Pell erwiderte, Ähnliches habe schon vor mehreren Jahren Gabriel Mouton in seinem Buch „Observationes diametrorum solis et lunae apparentium" (Beobachtungen der scheinbaren Durchmesser von Sonne und Mond) als Ergebnis François Regnaulds mitgeteilt und in diesem Zusammenhang auch noch den Verdacht des Plagiats durchblicken ließ, entstand für Leibniz eine heikle Situation. Es war Oldenburg, der ihm riet, in dieser Angelegenheit eine Erklärung abzugeben und diese bei der Royal Society zu hinterlegen. Das Schriftstück wurde zum Dokument für das Leibniz zur damaligen Zeit ohne Unterlagen verfügbare mathematische Wissen, zugleich aber auch der inneren Spannungen und komplizierten Beziehungen des noch nicht Dreißigjährigen zu den Mitgliedern der Royal Society. Immerhin war durch diese Erklärung die Auseinandersetzung im wörtlichen Sinn zu den Akten gelegt; doch ließ die entstandene Situation es Oldenburg geraten erscheinen, Leibniz zur nächsten Akademiesitzung nicht einzuladen, mit gutem Grund, wie sich an Robert Hookes wenig sachbezogener Reaktion auf Leibniz' Rechenmaschine zeigte. Der allgemein als wenig verträglich bekannte und so respektierte Hooke äußerte sich abfällig über das Modell von Leibniz und stellte für die nahe Zukunft ein eigenes in Aussicht.

Indes war die Lage gespannt, doch ausregulierbar, denn wenige Tage danach findet man ihn schon mit seinem Aufnahmegesuch für die Royal Society befaßt, und ein Jahr später ist er gewähltes Mitglied dieser wissenschaftlichen Gesellschaft. Nun tritt ein Ereignis ein, das sich als folgenreich für seine weiteren wissenschaftlichen Ambitionen erweisen sollte. Der Tod des Kurfürsten von Mainz ermöglichte es Leibniz, nicht – wie ursprünglich geplant – über Holland nach Mainz zu reisen, er konnte vielmehr nach Paris zurückkehren, wo ihm gestattet wurde, noch „ein weill" und zwar „ohne gefahr deß dienst" [A I, 1, S. 349] zu bleiben. Diese Perspektive muß so überwältigend für ihn gewesen sein, daß er in aller Eile seine Angelegenheiten zur Abreise ordnend, nicht einmal mehr eine persönliche Verabschiedung von Oldenburg zustande brachte. Für Leibniz war nun klar, er würde so lange wie möglich in Paris bleiben. Doch war dafür das hinsichtlich seiner wissenschaftlichen Reputation nicht ungetrübte Londoner Intermezzo zu verarbeiten, denn er hatte weder eine voll funktionstüchtige Rechenmaschine vorgeführt, noch konnte er mit eigenen Ergebnissen zur Theorie unendlicher Reihen überzeugen, und die darauf folgende Korrespondenz machte seine Lücken in der Kenntnis des Diskussionsniveaus der Mathematik nur noch deutlicher.

Nun ergriff auch die nicht seltene Kehrseite des schnellen Erfolgs wissenschaftlicher Eleven von Leibniz Besitz. Er hatte jedoch den Mut und die Kraft, diesen Widerspruch auszuhalten, unterbrach den Dialog mit Oldenburg, obwohl dieser ihn wiederholt an die Verbesserung der Rechenmaschine gemahnte, bis er im Sommer 1674 die Metamorphose vom Anfänger zum kenntnisreichen Spezialisten für mathematische Gegenstände vollzogen hatte. Diese Entwicklung stellte sich ihm rückblickend folgendermaßen dar:

Ich war ganz und gar ein Fremdling in der höheren Geometrie, als ich in Paris 1672 die Bekanntschaft Christiaan Huygens machte. Ich bekenne, daß ... ich ganz persönlich vor allem diesem Mann nach Galilei und Descartes das meiste verdanke. Als ich sein

Buch de 'Horologio Oscillatorio' las und Dettonvilles (d. i. Pascals) Briefe und das Werk des Gregorius a S. Vincentio ebenfalls durcharbeitete, da ging mir plötzlich ein Licht auf, das mir und auch anderen, die mich hierin als Neuling kannten, unerwartet war. Dies stellte ich bald durch Beispiele unter Beweis. So erschloß sich mir eine ungeheure Zahl von Theoremen, die nur ein Abschlag einer neuen Methode waren, wovon ich einen Teil darauf bei Jac. Gregory und Isaac Barrow fand. [47, S. 33f.; GM 5, S. 257]

Wieder war der erste Impuls von Huygens ausgegangen. Er schenkte Leibniz nach seiner Rückkehr aus London ein Exemplar seines „Horologium oscillatorium" (Pendeluhr) und verwies ihn auf weiterführende Literatur, deren Studium Leibniz, da er das Gelesene nicht nur Schritt für Schritt nachvollzog, sondern mit kritischem Blick das methodisch Wesentliche ins Zentrum rückte, bald neue Einsichten brachte. Das erste der Beispiele, von denen Leibniz in der zitierten Textstelle spricht, ist die Verallgemeinerung einer Methode, die Blaise Pascal zur Bestimmung des Moments

$$\int_0^{\frac{a\pi}{2}} y \, ds$$

des Viertelkreisbogens bezüglich der x-Achse verwendet hatte. Pascal nutzte dafür die Ähnlichkeit des charakteristischen Dreiecks (übrigens eine von Leibniz eingeführte Bezeichnung) dx, dy, ds mit dem Dreieck y, $a-x$, a (Abb 6). Daraus folgt $\frac{ds}{a} = \frac{dx}{y}$,

und nach einer einfachen Umformung erhält er

$$\int_0^{\frac{a\pi}{2}} y \, ds = \int_0^a a \, dx = a^2$$

(alles hier freilich in heutiger Schreibweise).

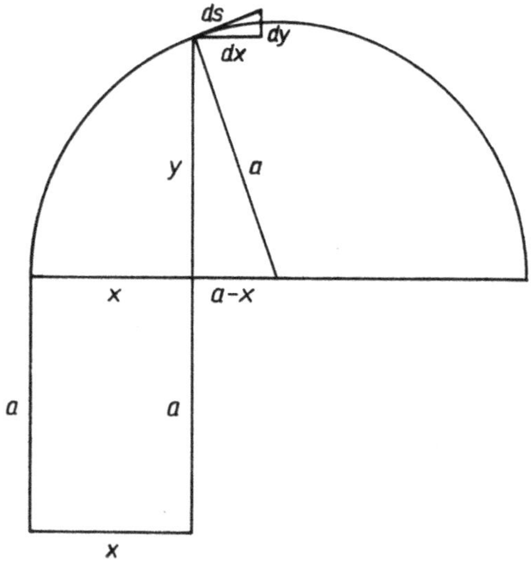

6

Mit sicherem Blick erkannte Leibniz, daß diese Methode keineswegs auf den Kreis beschränkt bleiben muß, sondern für alle Kurven zu verallgemeinern ist, wenn man nur den Radius des Kreises durch die Kurvennormale ersetzt. Das war eine Entdeckung, die Huygens so schnell als möglich erfahren mußte! Doch in diesem Falle lagen die Dinge ganz ähnlich der ersten, von Huygens als Test für Leibniz gedachten Aufgabe. Der Lehrer freut sich ehrlich über die autodidaktischen Erfolge des so intensiv um die Mathematik bemühten Leibniz, kennt aber die Lösung schon, die er bereits mit Erfolg zu handhaben weiß. Um die weitere Entwicklung zu verstehen, ist ein bei Hegel nachzulesender Satz hilfreich, der mutatis mutandis Leibniz' Situation in dieser Zeit charakterisiert:

Das zuerst verborgene und verschlossene Wesen des Universums hat keine Kraft, die dem Mute des Erkennens Widerstand leisten könnte; es muß sich vor ihm auftun und seinen Reichtum und seine Tiefen ihm vor Augen legen und zum Genusse geben. [26, 1, S. 80]

Ein Meilenstein auf dem schwierigen und die ganze Persönlichkeit fordernden Weg mathematischer Erkenntnis wird für Leibniz der Transmutationssatz. Bei Pascal und Girard Desargues hatte er den Gedanken gefunden, eine ebene Figur nicht durch die Aufeinanderfolge von Strecken (Parallelkoordinaten), sondern durch Polarkoordinaten, d. h. durch Strecken mit einem gemeinsamen Endpunkt zu erzeugen. War er vorher durch Wallis u. a. über Cavalieris Indivisiblenmethode hinaus zu einer Infinitesimalbetrachtung gelangt, die schmale Rechtecke als infinitesimale Einheiten zugrunde legte, so erkannte Leibniz jetzt die Bedeutung der im erwähnten Punkt zusammenlaufenden Dreiecke, die ihm die Ableitung einer außerordentlich bedeutungsvollen Integraltransformation ermöglichte. Den Ausgangspunkt bildeten wieder Ähnlichkeitsbetrachtungen an Dreiecken, in diesem Falle der Dreiecke OWT und $PN\bar{P}$ (Abb. 7), aus denen folgt:

$$\frac{\mathrm{d}x}{\mathrm{d}s} = \frac{h}{z} \quad \text{oder} \quad h \cdot \mathrm{d}s = \mathrm{d}x \cdot z. \tag{1}$$

Unter Zugrundelegung des Gedankens, ebene Figuren durch Dreiecke mit infinitesimalen Winkeln zu erzeugen, errechnet Leibniz den Flächeninhalt A eines solchen Dreiecks $A(OP\bar{P})$, indem er die Differenz der Flächeninhalte der Dreiecke $A(OW\bar{P})$ und $A(OWP)$ bildet, die er mit $1/2 \cdot h \cdot \mathrm{d}s$, also $A(OP\bar{P}) = 1/2 \cdot h \cdot \mathrm{d}s$ angibt.

Der Abb. 7 entnimmt man darüber hinaus, daß der Flächeninhalt des Dreiecks $A(OP\bar{P})$, aufgrund der Beziehung (1) der Hälfte des Flächeninhalts $A(RSQ\bar{Q})$ gleich ist, so daß gemäß $\Sigma A(OP\bar{P}) = 1/2\ \Sigma A(RSQ\bar{Q})$ der Flächeninhalt des Kreissegments dem Flächeninhalt unter der zugeord-

7

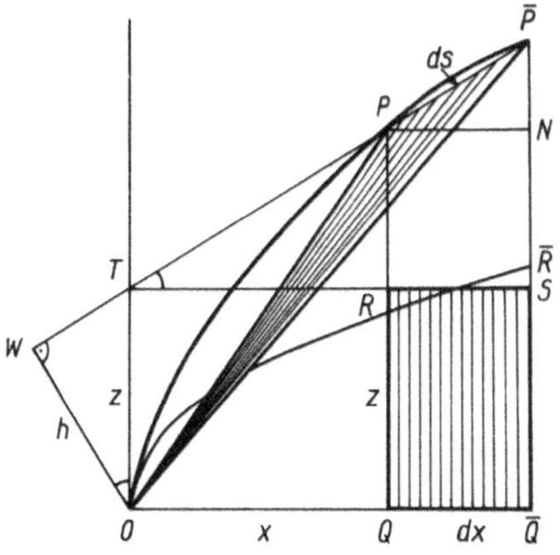

neten Quadratrix entspricht, d. h. jener zur Quadratur des Kreises benutzten Kurve, deren Ordinate durch z gegeben ist. Das Überraschende und Neue der Leibnizschen Lösung ist nun keineswegs die Erzeugung der Quadratrix – ihre Konstruktion findet sich schon bei Antoine Lalouvère. Was bis Leibniz nicht gesehen wurde, ist der Übergang von der Sektorfläche zur Streifenquadratur, der wegen $z = y - x\,\frac{dy}{dx}$ einen Zusammenhang von Quadratur- und Tangentenproblem einschließt. Damit liegt auch die Grundidee dieser Methode klar zutage: Leibniz transformiert ein Flächenintegral durch Substitution derart in ein Integral über eine rationale Funktion, daß die Reihenentwicklung dieser Funktion gliedweise integriert werden kann.

Als das „feinste Ergebnis“ (J. E. Hofmann) im Verlaufe des Jahres 1673 gelingt Leibniz auf diese Weise die arithmetische Quadratur des Kreises: Aus Abb. 8 entnimmt man dafür in nun schon gewohnter Weise und unter Berücksichtigung der Kreisgleichung $y^2 + x^2 - 2ax = 0$ die Äquivalenzen

$$\frac{z}{a} = \frac{x}{y} = \frac{y}{2a - x} = \sqrt{\frac{x}{2a - x}}. \tag{2}$$

Daraus ergibt sich durch einfache Umformung $x = \frac{2az^2}{a^2 + z^2}$.

Nach Abb. 8 läßt sich weiterhin für den Flächeninhalt des Dreiecks $A(OPC) = \frac{1}{2}\,ay$ schreiben, woraus gemäß (2) $\frac{1}{2}\,ay = \frac{1}{2}\,z\,(2a - x)$ folgt.

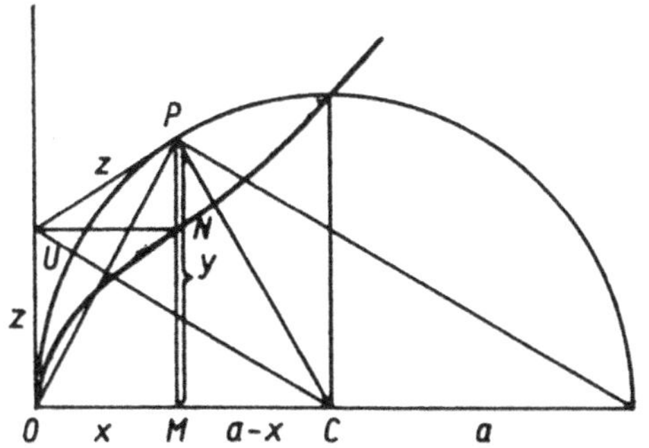

Schließlich liefert die grafische Darstellung noch die Beziehung

$$\int_0^x z\mathrm{d}x = xz - \int_0^z x\mathrm{d}z.$$

Nach dem Transformationssatz aber ist klar, daß die Fläche des Kreissektors *A(COP)* der Fläche des Dreiecks *A(OPC)* + *A(OUPO)* gleich ist, d. h.

$$A(COP) = \frac{1}{2}ay + \frac{1}{2}\int_0^x z\mathrm{d}x$$

$$= \frac{1}{2}z(2a - x) + \frac{1}{2}\left(xz - \int_0^z x\mathrm{d}z\right)$$

$$= az - \int_0^z \frac{az^2}{a^2 + z^2}\mathrm{d}z.$$

Damit ist Leibniz im Besitz derjenigen Funktion, die er zu entwickeln hat. Er orientiert sich dabei an Nikolaus Mercators und Wallis' Hyperbelquadratur und berechnet das Integral für den Kreissektor zu

$$A(COP) = az - \frac{z^3}{3a} + \frac{z^5}{5a^3} - \frac{z^7}{7a^5} + \cdots$$

Mit $z = a$ findet er die berühmte nach ihm benannte Reihe

$$\frac{\pi}{4} = \frac{1}{1} - \frac{1}{3} + \frac{1}{5} - \frac{1}{7} + \cdots \qquad (3)$$

Leibniz hatte mit dieser Lösung ungeachtet aller Lücken, die seine mathematische Bildung noch aufwies, zweifellos Neuland betreten. Konnten nämlich François Viète und Descartes mit ihrer Methode der „Buchstabenrechnung"

zwar alle geometrischen Probleme auf Gleichungen zurückführen, so versagte sie doch bezüglich der Fragestellungen der Kurvengeometrie, und darin sieht Leibniz die eigentliche Leistung seiner Arithmetisierung.
Der wirkliche Gewinn dieses Verfahrens läßt sich am besten an der Reaktion bzw. den Problemlösungsverfahren seiner Zeitgenossen ablesen. Der nach Leibniz' Aufenthalt in London vorsichtiger gewordene Oldenburg meinte, daß im Falle einer wirklich exakten arithmetischen Kreisquadratur Leibniz nur zu gratulieren sei. Gregory war dicht an Leibniz' Ergebnis herangekommen, jedoch auf völlig anderem Wege. Für ihn war der geometrische Sachverhalt, der anschauliche Deutungen nicht entbehren konnte, das Entscheidende. Die damit gesetzte Differenz hat selbst Huygens nicht durchschaut, der sich von Gregorys Verfahren eine Verkürzung der Leibnizschen Darstellung versprach. Wie J. E. Hofmann in seiner historischen Analyse betont, kam es aber gerade nicht auf eine formale Verkürzung,

> sondern auf einen neuen, methodisch umfassenden Gedanken an! Zum erstenmal spüren wir in Huygens eine Hemmung gegenüber den Absichten von Leibniz aufkeimen – sie wird später zu einem unüberwindlichen Vorurteil gegenüber der Leibnizschen Analysis werden. Der 45jährige ist nicht mehr elastisch genug, um den Fortschritt zu sehen, den Leibniz' Gedankengang inauguriert. [31, S. 52]

In dem Maße aber, wie es ihm gelingt, diesen methodischen Ansatz auszuführen, wird Leibniz nicht nur als Mathematiker autark, er ist zugleich auf dem Weg zu bedeutenden mathematischen Innovationen.
Doch fallen inmitten einer Zeit höchster mathematischer Produktivität Schatten ganz anderer Art auf Leibniz' Parisaufenthalt. Der Brief an Herzog Johann Friedrich vom 21. Januar 1675 liest sich schon fast wie eine Zwischenbilanz dieser Jahre. Leibniz lobt darin das besondere Aroma dieser Stadt, jene unverwechselbare wissenschaftliche Atmosphäre, die nur entstehen kann, wenn die bedeutendsten Geister der Zeit aus fast allen Wissensgebieten die Norm wissenschaftlicher Arbeit bestimmen, um schließlich fortzusetzen: Man müsse schon viel arbeiten, und es bedürfe einer gewissen Beharrlichkeit, wenn man in Paris zu wissenschaftlichem Ansehen kommen wolle. Dann aber folgt ein Satz, der über seine innersten Beweggründe keinen Zweifel läßt. Leibniz betont, daß er ohne diese Herausforderung wohl nicht fähig gewesen wäre, etwas Außerordentliches zu leisten. Die Zusage, nach Hannover zu kommen, fließt ihm daher nur schwer aus der Feder, und noch hofft er, im Dienste der Hannoveraner wie des Kurfürsten von Mainz seinen Aufenthalt in Paris fortsetzen zu können. Die wichtigste Voraussetzung dafür aber war die Sicherung seiner Subsistenzmittel.
Wie prekär die Lage für Leibniz war, läßt sich daran ermessen, daß nach der gütigen Erlaubnis, 1673 weiterhin in Paris bleiben zu dürfen, weder feste politisch-wissenschaftliche Aufträge eingingen, noch das Salär weiter gezahlt wurde. Schnelles Handeln war ohne Zweifel das Gebot der Stunde. Am 25. März 1673 schon erhält er ein Angebot, als Sekretär in die Dienste des ersten

Ministers des dänischen Königs Graf Ulrich Frederik von Güldelöw zu treten. An Johann Friedrich, den er 1671 in Frankfurt am Main persönlich kennengelernt hatte, wendet er sich mit dem Wunsch auf eine Anstellung in Hannover. Als die Einladung bald darauf eintrifft, hüllt er sich aber in Schweigen, weil er wieder auf Mainz hoffen kann. Damit beginnt die Odyssee der Leibnizschen Versuche, sich in Paris eine Existenz aufzubauen, für die Hannover immer der letzte Anker bleibt, eine Zeit, in der die Geduld des Herzogs auf eine harte Probe gestellt wird, bis sie schließlich von ihm durch eine definitive Entscheidung beendet wird.

Eine Station auf diesem Weg ist der erwähnte Brief an Johann Friedrich vom Januar 1675. Leibniz kommt darin auch auf seine Rechenmaschine zu sprechen. Er hatte sie am 9. Januar in der Académie des Sciences vorführen können und in drei Exemplaren, für den König, das königliche Observatorium und den Oberintendanten der Finanzen Jean Baptiste Colbert in Auftrag gegeben. Nach einer Unendlichkeit von stets unbefriedigenden Versuchen, so seine Mitteilung an Johann Friedrich, war dieses Ergebnis zu einem wesentlichen Teil der Kunstfertigkeit und dem Engagement seines Mechanikers Olivier zu verdanken. Leibniz hat nach zwei Jahren endlich erreicht, was er bereits kurz nach seinem Besuch in London versprochen hatte, das vollständige Modell einer in Messing gefertigten „Arithmetischen Machine". Dieses „Instrumentchen", wie Oldenburg nun schon leicht ironisierend den immer wieder verschobenen Herstellungstermin eines gangbaren Modells kommentiert, brachte Leibniz die Bekanntschaft Etienne Périers, des ältesten Neffen Pascals, der Leibniz' Modell einer „machine Arithmetique" unbedingt sehen wollte, hatte doch Pascal schon 1642 eine Addier- und Subtrahiermaschine vorgestellt. Leibniz nutzte die Gelegenheit. Mit weltmännischer Eleganz parlierend dankte er Périer für seine Verdienste bei der Nachauflage der „Pensées" (Gedanken). Er gestand ihm seine tiefe Verehrung für Pascal und bedauerte, daß noch so vieles aus dem Nachlaß unerschlossen sei, freilich nicht, ohne zugleich seine Mitarbeit bei der Durchsicht und Edition dieser wertvollen Handschriften anzubieten. Die beiden Männer kamen überein, daß eine zuverlässige Persönlichkeit die Nachlaßstücke an Leibniz überbringen und dieser dann die volle Verantwortung dafür übernehmen sollte. Es verstrich jedoch ein Jahr, bis Leibniz die lange erwarteten ersten Hefte Pascals durchsehen konnte.

Inzwischen hatte er der Pariser Akademie eine andere Erfindung vorgeführt, diesmal das Modell einer bewußt die Eigenschaft der Elastizität von Federn nutzenden tragbaren Uhr. Die konstruktive Umsetzung der bereits vier Jahre zurückliegenden Idee in ein mechanisches Modell war unmittelbar durch Huygens angeregt worden. Dieser hatte Leibniz in einem Gespräch seine neueste Entdeckung, das Prinzip der Unruhe zur Gangregulierung von Uhren, erläutert, das er als technische Realisierung seiner Untersuchungen über die Isochronie elastischer Schwingungen zum Patent anmeldete [HO 7, S. 400].

Leibniz erkannte darin seine eigenen Überlegungen wieder, die sich hinsichtlich des zugrunde liegenden physikalischen Prinzips von Huygens' nicht unterschieden. Jedoch wollte er es technisch auf andere Art in Wirksamkeit setzen, so daß er seine Idee als alternative technische Lösung in Auftrag gab. Wir bemerken hier eine für Leibniz nun schon zum Signum individueller Eigenart und gleichsam Usus gewordene Verhaltensweise. Aus seinem Ideenreservoir bringt er häufig nur zur Realisierung, was durch besondere Anlässe angeregt ist. Damit sind die späteren Auseinandersetzungen, wenn nicht zu einem guten Teil bereits vorprogrammiert, so doch wenigstens durch die Zurückhaltung in publizistischer Hinsicht begünstigt. Auch das Chronometer sollte zu einem sensiblen Punkt dieser Art werden.
Leibniz dachte sich dafür ein System von Federn so angeordnet, daß der Spannungszustand einer Feder nach seiner Freigabe auf die nächste übertragen wird, bis schließlich nach dem Durchlaufen des Systems der verketteten Federn (in der Schlußfassung sind es nur noch zwei) der Ausgangszustand wiederhergestellt wird. Dieses Chronometer fand wohlwollende Anerkennung bei Huygens und Giovan Domenico Cassini, wirklich praktische Bedeutung für die Uhren"industrie" hat es jedoch nie erlangt. Dennoch wurde Leibniz dadurch in die Auseinandersetzung Huygens' mit der Royal Society hineingezogen, die alten Vorbehalten neue Nahrung gab [31, S. 70ff.].
Zu dieser Zeit machte Leibniz die Bekanntschaft des Philosophen Nicolas Malebranche, des „grand ami" Antoine Arnaulds (André Robinet), dessen „Recherche de la vérité" (Untersuchung der Wahrheit) zu Lebzeiten des Autors sechs Auflagen erlebte. Als berufener Interpret Descartes' hatte Malebranche vor allem dem Occasionalismus zu seiner klassischen Ausprägung verholfen. Durch Malebranches Schüler Jean Prestet war Leibniz zunächst nur über wenig mehr als die mathematischen Leistungen dieser Schule orientiert [L 14, S. 23; 31, S. 56]. Er hat daher die Gelegenheit des persönlichen Gesprächs genutzt, um den Dialog ins Philosophische zu wenden, von dem noch Spuren in den ersten Briefen Leibniz' an Malebranche enthalten sind. Der Nachdruck, mit dem Leibniz Streitpunkte der Begegnung wieder zum Thema macht, und die bewußt an den Tag gelegte Akribie im philosophischen Schließen lassen erkennen, daß er in der Auseinandersetzung mit den Problemen des Vakuums, der cartesischen Bestimmung der Materie durch die Ausdehnung sowie ihrer Beweglichkeit sich selbst philosophisch positionieren will. Mit diesen Kernpunkten cartesischen Philosophierens legt er dann auch den Grundstein für jene philosophische Korrespondenz mit Malebranche, die in den frühen Hannoveraner Jahren beginnt und mehr als drei Jahrzehnte andauert.
Zum herausragenden persönlichen Erlebnis des nun schon ausklingenden Parisaufenthalts wurde jedoch die Ankunft von Ehrenfried Walter von Tschirnhaus, der mit Empfehlungsschreiben von Oldenburg für Leibniz und Huygens am 9. August 1675 in Paris eintraf. Die Empfehlung erwies sich als

Dialogpartner von Leibniz in Paris:

9 Christiaan Huygens

10 Ehrenfried Walter von Tschirnhaus

11 Nicolas Malebranche

12 Antoine Arnauld

außergewöhnlicher Glücksumstand. Schon einige Wochen später berichtet Leibniz dem Sekretär der Royal Society nach London:

Das war freundschaftlich gedacht, daß Du uns Tschirnhaus zuschicktest: Ich find großes Vergnügen an seinem Umgange und erkenne den vielversprechenden und vortrefflichen Geist in dem jungen Manne. Er hat mir manches aus der Analysis und Geometrie, wirklich sehr schöne Sachen, gezeigt. [L 4, S. 143; 47, S. 38f.]

Dem nur ein halbes Dezennium jüngeren sächsischen Adligen ging bereits mit 25 Jahren der Ruf eines kometengleichen Aufstiegs am mathematischen Firmament voraus. Ausschlaggebend dafür waren seine algebraischen Untersuchungen, mit denen er die versammelte Londoner Mathematikerelite in einer Weise beeindruckte, daß Pell die weitere Diskussion mit ihm völlig einstellte, während John Collins seine Anerkennung dahingehend ausdrückte, daß er Tschirnhaus, James Gregory und Newton die bedeutendsten Algebraiker Europas nannte. Seine Bewunderung bezog sich weiter auf Tschirnhaus' Methoden zur Quadratur und Rektifikation von Kurven, auf die Virtuosität, mit der er Descartes' Tangentenmethode handhabte, sowie auf seine Methoden zur Lösung von Gleichungen höherer Ordnung. Zwar besaß Tschirnhaus keineswegs eine allgemeine Methode zur Lösung aller Gleichungen, wie er glaubte, doch hatte er sich während seiner Studienjahre eine algebraische Rechenfertigkeit erarbeitet, die das Niveau seiner Zeitgenossen deutlich überragte. Bei dem allen erwies er sich in einem Maße als Verehrer Descartes', daß Collins sich zu der Bemerkung veranlaßt sah, die Hochachtung für Descartes ginge wohl etwas zu weit, wenn er behaupte,

die neuen Beiträge von Sluse und Barrow über Gleichungen und die ganze Lehre von den Quadraturen, Rektifikationen, Schwerpunktbestimmungen usw. seien nichts anderes als Folgerungen aus der Cartesischen Methode. Das sei beinahe so grotesk wie wenn man behaupten wolle, die Bemerkung des Aristoteles, vom Grund einer Zisterne aus könne man auch Tages die Sterne am Himmel sehen, enthalte die Entdeckungen Galileis mit dem Fernrohr. [31, S. 103]

Das erste Gespräch mit Leibniz berührte daher nicht zufällig auch diese Punkte. Schon in der „Theoria motus abstracti" hatte ja Leibniz die cartesischen philosophischen Setzungen hinterfragen wollen, und über die Bewegungslehre sollte das Tor zur Philosophie aufgestoßen werden [A VI, 2, S. 332], kein Wunder also, wenn in den Diskussionen mit Malebranche der philosophische Materiebegriff und namentlich das Problem der Bewegung dominierten und Leibniz im Rückgriff auf 1671 erneut die Frage nach der geometrischen Erklärbarkeit des Geistes aufwarf, nun allerdings in methodisch entwickelterer Form. War in der „Theoria motus abstracti" die Argumentation noch um einen neuen Größenbegriff zentriert, so zielt sie in Paris direkt auf zentrale Begriffsbildungen der cartesischen Metaphysik. In den Diskussionen, die Leibniz und Tschirnhaus vor allem über Spinoza führten, reifte bei Leibniz die Erkenntnis, wie die Unmittelbarkeit der cartesischen Methodenlehre, die dem systembildenden Leitsatz „cogito ergo sum" (ich denke, also bin ich) folgend von der Denkmöglichkeit ohne Vermittlung auf die Existenz schließt,

zu überwinden sei. Man dürfe nicht, so Leibniz, unkritisch auf die Existenz solcher Begriffe schließen wie der Zahl aller Zahlen, des Unendlichen, des Kleinsten, Größten oder Vollkommensten, es sei denn, man habe vorher klare und deutliche Existenzkriterien formuliert bzw. einen Existenzbeweis geführt. Wie Leibniz' Beispiele belegen, sind Methodenüberlegungen dieser Art für die Mathematik keineswegs nebensächlich. Sie bestimmen in erheblichem Maße die Differenz in den Mathematikauffassungen von Leibniz und Tschirnhaus. Während dieser ganz in der cartesischen Tradition lebt, die Unterscheidung von geometrischen und mechanischen Problemen streng beibehält und sich demgemäß auf die algebraisch faßbaren Probleme konzentriert, wird Leibniz nicht müde, gerade diese Beschränkung der Mathematik zu kritisieren, weil sie, wie er meint, die Einsicht in tieferliegende Zusammenhänge verbaue. Mit ganz unterschiedlichem Impetus führen also beide in Paris ihre Studien zum Teil gemeinsam fort. Man findet sie im Dialog über die Summe der ersten Glieder der harmonischen Reihe und über die schrittweise Summierung der reziproken Dreieckszahlen. Bald darauf regt Leibniz die Kreisquadratur durch fortgesetztes Wurzelziehen an, und der Nachlaß Pascals wird ebenso gemeinsam eingesehen wie die bei Clerselier verwahrten nicht edierten Manuskripte Descartes'. Eine kreative Spannung, die mathematisch nicht folgenlos bleibt, kennzeichnet die Wochen des ausklingenden Jahres 1675. Wie außergewöhnlich intensiv die Zusammenarbeit gewesen sein muß, belegen Manuskripte, die unmittelbar neben Leibniz' Handschrift auch die von Tschirnhaus aufweisen [42, S. 17].
Es ist eine Zeit produktiver Kooperation nicht nur auf mathematischem Gebiet. Leibniz findet in dem nur wenig jüngeren Tschirnhaus einen Diskussionspartner, der auch an philosophischen Fragen stark interessiert ist und dem er anvertrauen kann, was er schriftlich noch nicht weiterzugeben bereit ist. Doch führen die häufigen Zusammenkünfte und Debatten auch zu einer Ausdifferenzierung ihres Dialogeinsatzes. Der so stark auf die Algebra ausgerichtete Tschirnhaus kann die Unterordnung eben dieser Disziplin unter die Kombinatorik ebensowenig nachvollziehen [L 4, S. 363], wie er den Methodenfortschritt des Leibnizschen Calculus erkennt. Mehr noch, die Entwicklung der Leibnizschen Infinitesimalmathematik ist so unbemerkt an Tschirnhaus vorbeigegangen, daß er sich bereits drei Jahre danach nicht mehr daran erinnern kann, je etwas davon gehört zu haben. Gerade dies aber ist die herausragende mathematische Leistung der Pariser Zeit.

Die Erfindung des Calculus

Leibniz erfindet den Calculus gelegentlich der Suche nach formalen Verkürzungen bei der Behandlung inverser Tangentenprobleme, d. h. bei der Bestimmung der Kurvengleichung aus dem Gesetz, das ihre Tangente definiert.

Bereits im Herbst 1674 war es ihm gelungen, im Falle gegebener Subnormalen $p = y\frac{dy}{dx}$ die zugehörigen Kurven zu bestimmen, eine Aufgabenstellung, die ihn auch ein Jahr später noch beschäftigte und mit der Beziehung

$$\int_0^x p\,dx = \int_0^y y\,dy = \frac{1}{2}y^2 \qquad (4)$$

zum Ausgangspunkt seiner bekanntesten mathematischen Innovation wurde. Der Weg dahin war etwa folgender: Leibniz substituierte für y die entsprechende Integralform $\int_0^y y\,dy$ und setzte diese in (4) ein. Damit aber war klar: Der Wert des Doppelintegrals

$$\int_0^y dy \int_0^y dy$$

ist verschieden vom Wert des Produkts der beiden Integrale

$$\frac{1}{2}\left(\int_0^y dy\right)^2,$$

und zwar ist er nach (4) um den Faktor $\frac{1}{2}$ geringer. Dieses Faktum wird zum entscheidenden Denkimpuls.

Leibniz erkennt in dieser Situation nicht nur eine im Rahmen von Tangentenaufgaben sich notwendig ergebende Konsequenz, die man bei den Umformungen zu berücksichtigen hat, sondern macht das Problem aus der Sicht einer eigenständigen Operation zum Gegenstand der Untersuchung. Deshalb wird sie im ersten Schritt durch symbolische Fixierung als Operation gesichert. Doch mit dem neuen Symbolismus ist die eigentliche Leistung zunächst nur bezeichnet, denn es ist jenes, durch den Auffassungswechsel des in Frage stehenden mathematischen Sachverhalts erzeugte neue Abstraktionsniveau, das Leibniz statt des ursprünglichen omn. (lat.: omnes – alle) $\int$ für das lateinische summa schreiben läßt und zwar zunächst in der Form $\int y$, für die sich schließlich $\int_0^y y\,dx$ durchsetzt.

Als Eigenschaften hält er fest, daß diese Operation die Dimension um einen Grad erhöht. Über die Umkehroperation wird durch die Festsetzung $y = z/d$ verfügt, falls die Ausgangsoperation in der Form $\int y = z$ gegeben ist. Diese d-Operation, für die schon wenige Tage später dx anstelle von x/d geschrieben wird, vermindert die Dimension um einen Grad. Auch andere Eigenschaften leitet er ab, etwa jene, daß ein konstanter Faktor vor das Integral gezogen werden kann und daß ein Integral über eine Summe als Summe von Integralen zu behandeln ist. Noch im selben Jahr wandte Leibniz diesen Formalismus auf seinen Transmutationssatz an, wodurch alle von ihm bereits untersuchten speziellen Quadraturen in einem einheitlichen Lösungsverfahren verfügbar waren. Weitere Anwendungen ließen nicht lange auf sich warten. Anfang November 1675 ist er mit fünf Problemen befaßt, an denen er die Effizienz seiner neuen Methode testet. Es geht durchweg um die Bestimmung von Kurven zu gegebenen Subnormalen. Für die Subnormale

$$p = y\frac{\mathrm{d}y}{\mathrm{d}x} = \frac{a^2}{y} \quad \text{errechnet Leibniz} \quad a^2x = \frac{1}{3}y^3$$

als Gleichung der gesuchten Kurve. Da er gewöhnlich die Integralkurven im Ursprung beginnen läßt, fehlt bei ihm die Integrationskonstante. Auch der Fall $p = \frac{a^2}{x} - x$ macht ihm keine Schwierigkeiten. Er findet die gesuchte Gleichung in der Form $x^2 + y^2 = 2\log z$ unter Verwendung von $\log z = a^2 \int \frac{\mathrm{d}x}{x}$. Die anderen Beispiele bereiten ihm mehr Probleme. Es finden sich Flüchtigkeitsfehler, namentlich solche, die sich aus dem wenig geübten Umgang mit dem neuen Formalismus ergeben. Doch ist er schon bald in der Lage, auch anspruchsvolle Aufgaben schnell und überzeugend zu lösen.

War Leibniz in jenem denkwürdigen Herbst 1675 durch die innere Logik der Ereignisse eher zwangsläufig in den Strudel neuer Erkenntnisse und Entdekkungen hineingezogen worden, als daß er sie selbst bewußt gestaltet hätte, so setzt mit dem Jahreswechsel die Phase des Selbstverständnisses ein. Der logisch stringent und streng methodisch schließende Leibniz, der zudem keinen Schritt in der Wissenschaft tat, ohne sich über dessen Notwendigkeit Rechenschaft abgelegt zu haben, sieht nicht nur die Schwächen und Mängel der vorliegenden Form seines Kalküls, er weiß auch, daß sie systematisch erst dann zu bewältigen sind, wenn der wissenschaftstheoretische Status seiner Methode aufgeklärt ist. Was also hat Leibniz mit der Einführung des neuen Symbolismus inhaltlich geleistet?

Ein vermutlich für Jean Gallois bestimmter Brief gibt darüber Auskunft. Leibniz nennt darin eine Quadratur genau dann arithmetisch, wenn es gelingt, eine Kurve durch eine unendliche Reihe auszudrücken. Seine Kreisquadratur erfüllt diese Bedingung klarerweise, meint er, da sie die Reihe

$$\frac{1}{1} - \frac{1}{3} + \frac{1}{5} - \frac{1}{7} + \frac{1}{9} - \frac{1}{11} \pm \cdots$$

liefere. Überhaupt sei es der beste Weg, die Probleme der Geometrie so zu

cujus tam late patet utilitas, patefecero. Nam inde omnia hujusmodi theoremata ac problemata, quae admirationi merito fuere, ea facilitate fluunt, ut jam non magis ea disci tenerique necesse sit, quam plurima vulgaris Geometriae theoremata illi ediscenda sunt, qui Speciosam tenet. Sic ergo in casu praedicto procedo. Sit ordinata x, abscissa y, intervallum inter perpendicularem et ordinatam, quod dixi, sit p, patet statim methodo mea fore $pdy = xdx$, quod et *Dn. Craigius* ex ea observavit; qua aequatione differentiali versa in summatricem, fit $\int pdy = \int xdx$. Sed ex iis, quae in methodo tangentium exposui, patet esse $d.\frac{1}{2}xx = xdx$; ergo contra $\frac{1}{2}xx = \int xdx$ (ut enim potestates et radices in vulgaribus calculis, sic nobis summae et differentiae seu $\int$ et d reciprocae sunt). Habemus ergo $\int pdy = \frac{1}{2}xx$, quod erat demonstrandum. Malo autem dx et similia adhibere, quam literas pro illis, quia istud dx est modificatio quaedam ipsius x, et ita ope ejus fit, ut sola quando id fieri opus est litera x cum suis scilicet potestatibus et differentialibus calculum ingrediatur, et relationes transcendentes inter x et aliud exprimantur. Qua ratione etiam lineas transcendentes aequatione explicare licet, verbi gr. sit arcus a, sinus versus x, fiet $a = \int dx : \sqrt{2x - xx}$.

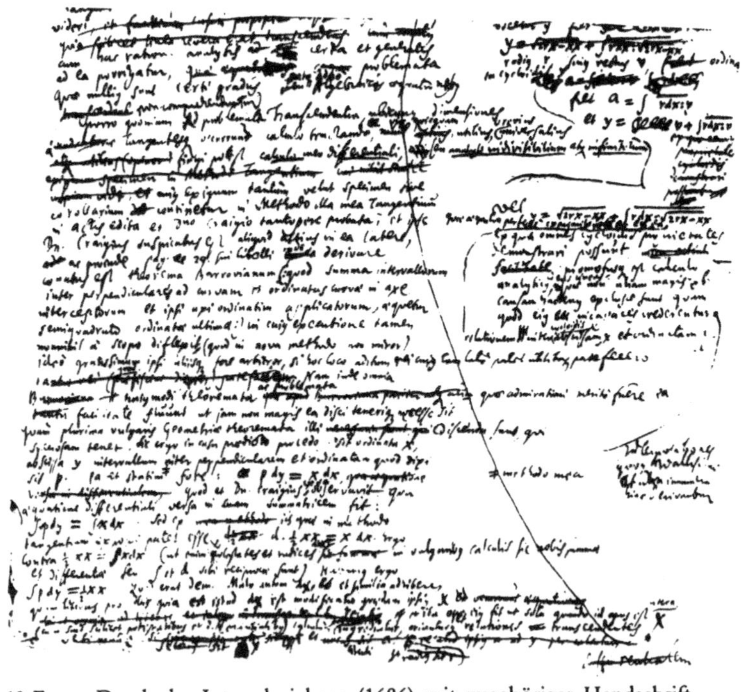

13 Erster Druck des Integralzeichens (1686) mit zugehöriger Handschrift

formulieren, daß sie arithmetisierbar werden. So wären auch Viète und Descartes an ihre Theorie der algebraischen Gleichungen herangegangen. Indes versage ihre Methode bei vielen Problemen der Kurvengeometrie, für die man jedoch auch dann eine Lösung finden könne, wenn die entsprechenden Gleichungen fehlen, und zwar genau dann, wenn es gelingt, die Summe der zugeordneten Reihe zu finden [A III, 1, S. 356 ff.]. Hier wird klar, weshalb sich das omn.-Symbol in ∫ wandeln muß. Gemäß seiner Devise, daß die Zeichen die innerste Natur der Dinge ausdrücken müssen und nicht willkürlich gewählt werden dürfen, wenn sie den Denkprozeß unterstützen sollen, repräsentiert das Summenzeichen jenen Standpunktwechsel, den Leibniz vollzieht, indem er die Geometrie auf die Arithmetik zurückführt oder, wie er gelegentlich sagen wird, die Geometrie der Arithmetik subordiniert.

Damit aber sind Grundlagen der Mathematik berührt, die Leibniz in demselben Brief anspricht, wenn er hervorhebt, daß seine Kreisquadratur weder geometrisch sei, weil sie nicht den Anspruch, ein dem Kreis flächengleiches Quadrat zu konstruieren, erhebe. Ebensowenig sei sie mechanisch, denn sie bringe das Verhältnis der Diagonalen des dem Kreis umschriebenen Quadrats zum Kreisdurchmesser nicht approximativ, sondern exakt zum Ausdruck. Um diese Bemerkung zu verstehen, muß man wissen, daß Descartes' Reform der Geometrie die antiken Exaktheitskriterien hinsichtlich der Konstruierbarkeitsforderung mit Zirkel und Lineal kritisiert hatte. Descartes sicherte die Legitimität mathematischer Objekte dadurch, daß er neue Konstruktionsgeräte einführte, die nun nicht mehr nur Parabel, Ellipse und Hyperbel als Gegenstände der Mathematik zuließen, sondern sämtliche, seit Leibniz als algebraisch bezeichnete Kurven, Kurven also, in deren Gleichungen Summen, Produkte, Potenzen und Wurzeln von x und y sowie Konstanten auftreten. Diese bezeichnete er als geometrisch. Alle anderen galten als mechanisch, was besagen wollte, daß sie nur durch Näherungsmethoden zu beschreiben seien. Leibniz' Insistieren auf die Exaktheit seiner Kreisquadratur führt daher eine neue Klasse von Kurven, die sogenannten transzendenten (eine Leibnizsche Begriffsbildung), als legitime mathematische Objekte ein. Sie verschieben, wenn man so will, die Grenze zwischen Mathematik und Mechanik weiter zu Gunsten der Mathematik.

Mit dieser Feststellung aber ist die Leibnizsche Leistung nur erst extensional charakterisiert. Entscheidend sind die metatheoretischen Argumente für diese Erweiterung des Gegenstandsbereichs der Mathematik. Leibniz führt das Transzendente nämlich nicht wie Descartes durch Zusatzüberlegungen – wie spezielle Konstruktionsgeräte – ein. Die Legitimität dieser Objekte ergibt sich vielmehr allein daraus, daß sie aus einem algebraisch unlösbaren Problem entstehen [11, S. 127 f.], oder um mit Leibniz zu reden:

> So wie die Unmöglichkeit der Wurzelziehung im Rationalen auf irrationale Größen führt, so führt die Unmöglichkeit der Integration algebraischer Ausdrücke zu transzendenten Größen [GM 5, S. 377].

Dieses Selbstverständnis vom Wesen der Mathematik ist eine Konsequenz (wenn auch nicht ausschließlich) der Vollständigkeit seines Kalküls. Modern ausgedrückt entspricht es der Erkenntnis, daß sich in einem metrischen Raum nur unter der Voraussetzung seiner Vollständigkeit sinnvoll Analysis treiben läßt, so daß Leibniz mit der Einführung des Transzendenten den Grenzwert einer Cauchy-Folge zu finden für prinzipiell lösbar erklärt. Im Anschluß an transzendente Kurven und Größen spricht Leibniz dann konsequenterweise auch von transzendenten Zahlen [GM 7, S. 24, S. 208; 11, S. 131]. Daran wird insbesondere deutlich, in welcher Weise er für die tiefgreifende Umgestaltung der Mathematik im 17. Jahrhundert Dominanzen setzte. Seine Infinitesimalmathematik war keineswegs als direktes Fortschreiben des cartesischen „Programms" der Algebraisierung der Mathmatik zu verstehen, wenngleich dieses eine ihrer Voraussetzungen bildete. Das Eigentümliche und Neue des Leibnizschen Calculus läßt sich vielleicht am besten mit dem Begriff „Arithmetisierung" beschreiben, der ein Abstraktionsniveau bezeichnet, von dem aus sich Grundtendenzen der Mathematik seiner Zeit in einem einheitlichen Symbolismus erfassen, oder mit Leibniz gesprochen, als besondere Lösungen einer Methode verstehen lassen, so daß Rektifikationen, Integrationen und umgekehrte Tangentenprobleme jetzt nur noch Modifikationen eines einzigen im Formalismus unendlicher Reihen zu behandelnden arithmetischen Problems sind. Wie Leibniz selbst die Ergebnisse seines Parisaufenthalts einschätzt, teilt er in einem Brief an Vincenz Placcius mit. Gewiß, der Hamburger Jurist und Jungius-Schüler war kein Mathematiker, aber gerade deshalb muß sich Leibniz auf das Wesentliche und allgemeingültig Übergreifende seiner Studien und Entdeckungen konzentrieren. So schreibt er:

> Ich habe ein etwas tieferes Studium der Mathematik damit verbunden und es wider Erwarten dahin gebracht, daß man mich in Paris unter einer so großen Zahl von gelehrten Männern nicht ganz übersieht. Denn meine Entdeckungen sowohl in der Zahlenlehre als auch in der Geometrie wie in der Mechanik sind mit Beifall aufgenommen worden. Wenn nichts anderes, so habe ich doch sicher so viel erreicht, daß ich die wahre Analytik und die echten Methoden der Beweisführung an hervorragenden Beispielen gelernt habe. [A II, 1, S. 259 f.; 47, S. 43]

Zu ihnen sind auch die nur wenig bekannten, weil kaum im Druck zugänglichen Arbeiten naturwissenschaftlichen und technischen Inhalts zu zählen. Dabei dominieren Themen, die grundlegende Fragen der Naturphilosophie betreffen, Arbeiten zur Bewegungslehre, wie Stoßgesetze, Probleme der Reibung und Untersuchungen zum Maß der Bewegung. Sie werden ergänzt durch Studien über die Elastizität von Gasen und Flüssigkeiten. Die Thematik der „Hypothesis physica nova" wird wieder aufgenommen und weitergeführt. Auch die Auseinandersetzung mit der Naturphilosophie tritt in eine neue Phase. Neue technische Projekte kommen hinzu, eine Winduhr z. B., auch die Verbesserung von Federn und Pendeluhren wird erwogen [16; 29, S. 188 f.]. Die damit längst nicht abgeschlossene Liste von Ideen, Projekten, spontanen Einfällen und Notaten, in der freilich auch systematische Abhandlungen nicht fehlen, läßt die Entdeckerfreude eines ungewöhnlichen Geistes transparent werden, der sich in seiner schöpferischen Aktivität immer wieder dadurch herausgefordert fühlt, daß die Kommunikationsformen der République des lettres stets ein Reservoir von Problemen bereit hielten, das von jedem einzelnen Wissenschaftler als produktive Provokation verstanden werden konnte, weil es dessen ganze Individualität forderte.

Nicht zufällig macht Leibniz auch 1676 noch eine Reihe von Bekanntschaften. Beim Herzog von Chevreuse begegnet er dem Occasionalisten Geraud de Cordemoy, der Jesuit und königliche Beichtvater François de la Chaise wird ihm vorgestellt, auch der Herausgeber des Journal des Sçavans, Jean-Paul de La Rocque, ist darunter; schließlich lernt er die Astronomen Cassini und Ole Römer, den Architekten Claude Perrault und viele andere kennen. In dieser Zeit erhält Leibniz den ersten Brief von Newton, der zusammen mit seiner Antwort später für den zwar berühmten, indes wissenschaftlich nicht sehr ersprießlichen Prioritätsstreit Bedeutung erlangte. Der Sachverhalt dieser heftig und streitbar geführten Auseinandersetzung, die z. T. ganze Wissenschaftlerkongregationen mit einbezog, ist heute gut untersucht [A III, 1; 31; 64]; und es besteht kein Zweifel, daß beide unabhängig voneinander zur Infinitesimalmathematik gelangt sind. Von Prioritäten kann daher nur insofern die Rede sein, als Newton seine Fluxionsrechnung vor Leibniz entwickelt hat, während dieser als erster über Infinitesimalmathematik publizierte. Leibniz' kalkülmäßig handhabbare Theorie besaß darüber hinaus methodische Vorteile, die dem Newtonschen Verfahren überlegen waren und sich schließlich allgemein durchsetzten. Vor dem Hintergrund dieses gesicherten historischen Wissens ist für neuere Untersuchungen der Eigenwert des Leibnizschen wie Newtonschen Ansatzes interessant geworden. Dabei wächst das Bewußtsein darüber, daß die beiden Darstellungen, reduziert man sie nicht auf das heute als Infinitesimalmathematik Bekannte, durchaus auch inhaltlich etwas Verschiedenes meinen [8; 11].

Doch mit Beginn des Jahres 1676 werden die Mahnungen aus Hannover unüberhörbar. Leibniz' Versuch, Dienstantritt bei Johann Friedrich und Parisaufenthalt in eine Synthese zu bringen, wird mit dem Beginn der Gehaltszahlungen am 1. Januar 1676 als Irrtum abgewiesen. Jetzt bleibt nur noch eine Möglichkeit – eine besoldete Stelle an der Académie des Sciences. Der Zeitpunkt zumindest erweist sich als günstig. Es war nicht nur Robervals Sitz an der Akademie noch frei, auch am Collège Royal war eine mathematische Professur vakant, für die sich Leibniz durch seine jüngsten mathematischen Entdeckungen geradezu empfohlen hätte. Dennoch sollte es anders kommen. Am Collège zog Jean Picard ein, und die Akademiestelle erhielt der unbedeutende Ebert. Mit dem Mute des Verzweifelten wendet sich Leibniz nun an Huygens, der sich zwar bei Jean Baptiste Colbert und Gallois für ihn einsetzt, das Blatt jedoch nicht mehr wenden kann. Erst 1699 wird Leibniz Mitglied der Pariser Akademie der Wissenschaften.

Leben in Hannover

Schon die erste Kontaktaufnahme mit Hannover ist so wechselvoll und widersprüchlich wie die 1676 beginnenden 40 Jahre im Dienste des Hauses Braunschweig-Lüneburg. Sie reicht bis in die frühe Mainzer Zeit zurück, bis in die Wochen und Monate, die Leibniz zwar für die Mitarbeit am „Corpus juris civilis" ein wöchentliches Honorar eintrugen, ihn jedoch finanziell keineswegs sicherstellten. Die Lage wurde besonders schwierig, als die kurfürstliche Kammer im Frühjahr 1669 kurzerhand die Einstellung der Zahlungen verfügte, und Leibniz ganz auf Boineburg angewiesen war. In dieser Situation ist erstmals von Herzog Johann Friedrich die Rede.

Der befreundete Christian Habbeus war, nachdem er sich schon in Stockholm und Durlach für Leibniz verwendet hatte, auch in Hannover vorstellig geworden und hatte dort begeisterte Zustimmung für seinen Vermittlungsvorschlag gefunden. Dennoch führten die Verhandlungen zunächst zu keinem konkreten Ergebnis. Nach der Berufung zum Revisionsrat fühlte sich Leibniz in Mainz offenbar wieder so sicher, daß er zwar mit dem Hannoveraner Herzog korrespondierte und sogar eine spezielle Abhandlung für ihn verfaßte, eine Anstellung in Hannover stand für Leibniz jedoch nicht mehr zur Disposition. Der Briefwechsel wurde unterbrochen und erst wieder aufgenommen, als sich 1673 aus Paris ein erneuter Hilferuf an Johann Friedrich nötig machte. Das Ringen um einen Ausgleich zwischen wissenschaftlichen Ambitionen und Sicherung des Lebensunterhalts begann damit von vorn. Es wird zu einer der Grundkonstellationen in Leibniz' Leben werden, für die er in Mainz noch eine zufriedenstellende Lösung findet, die in Paris aber schon temporär eingegrenzt ist und mit der Entscheidung für Hannover schließlich zu Leibniz' Lebenskompromiß wird.

In seinen Erwartungen an den Dienstantritt bei Johann Friedrich wird dies klar ausgesprochen. Noch aus Paris schreibt er an J. C. Kahm:

> So ist aller mein wundsch gewesen eine hohe Person zu finden, so die leüt unterscheiden, von den dingen gründlich urtheilen, und durch dero protection, ansehen, hülff und vorschub allerhand nüzlichen gedanken einen nachdruck geben köndte. Dagegen ich von andern sorgen befreyet einzig und allein zu dero gloire und vergnügung arbeiten würde. [A I, 1, S. 504]

Von den drei Landesherren, die Leibniz in Hannover erlebt hat, konnte er diese Hoffnung unter Johann Friedrich weitgehend einlösen. Bei ihm besaß er eine Vertrauensstellung als persönlicher Berater. Er konnte über den engen tagespolitischen Rahmen hinaus Leitlinien für künftige ökonomische Prosperität sowie für die allgemeine Wohlfahrt der welfischen Lande entwerfen und

einen beträchtlichen Zeitfonds auf wissenschaftliche Forschung und technische Entwicklung verwenden.
Für den geistig stets brillierenden und in der Strenge seiner Gedankenführung überzeugenden Leibniz war dies von existentieller Bedeutung; denn von der Natur im äußeren Erscheinungsbild nicht gerade bevorzugt und durch asketische Lebensweise, sächsischen Dialekt, wenig gewandte Umgangsformen und bürgerliche Herkunft auch nicht gerade empfohlen, hatte der gebürtige Leipziger kaum Chancen, bei Hofe angemessen zur Kenntnis genommen zu werden. Umso wichtiger war ihm die Immediatstellung, die ihm Johann Friedrich zubilligte, doch schon bei dessen Nachfolger Ernst August veränderten sich die Verhältnisse grundlegend.
Dieser politisch versierte und begabte Staatsmann wußte sehr wohl die Leibnizschen Talente für seine Politik zu nutzen und räumte ihm dafür sogar weitgehende Vollmachten ein. Das herausragende Beispiel ist die aus Gründen der genealogischen Forschung initiierte große Reise nach Süddeutschland, Österreich und Italien. Die ehemalige Vorzugsstellung aber ging dennoch verloren. Freilich konnten die kluge und Leibniz wohlgesonnene Herzogin Sophie, die Gemahlin Ernst Augusts, und ihre Tochter Sophie Charlotte dieses Defizit einigermaßen ausgleichen, indem sie eine persönliche Beziehung zu Leibniz aufbauten, in der auch die Universalität seiner Geistesgaben gefragt war, und manch schwierige Situation ist auf diese Weise gemeistert worden; eine Zuspitzung der Gegensätze unter dem ab 1698 regierenden Georg Ludwig war jedoch so nicht vermeidbar. Zu gegensätzlich waren die Interessen und Charaktere der beiden Männer. Wärme des Gefühls, Wortgewandtheit und Ideenreichtum waren nicht die Stärke jenes letzten Hannoveraner Fürsten der Leibniz-Zeit, wohl eher steife Korrektheit und Soldatentugenden, die der alternde Leibniz denn auch hinreichend zu spüren bekam. Er konnte diesen Umschwung der Lage nur aushalten, indem er sich mehr und mehr innerlich von Hannover distanzierte.
Dies alles vollzog sich auf dem Hintergrund nicht geringer außenpolitischer Erfolge des nunmehrigen Kurfürstentums und namentlich Georg Ludwigs. Im Jahre 1705 erwarb er das Land Lüneburg für Hannover, drei Jahre später wurde Hannover endgültig ins Kurfürstenkolleg aufgenommen, und 1714 gar fiel die englische Krone an das Haus der Welfen. Die Stadt selbst war erst 1636 von dem damaligen Herzog Georg von Calenberg zur Residenzstadt erwählt worden. Es war eine Stadt, in der zu dieser Zeit 6000 Einwohner lebten, deren Anzahl sich bis zum Ende des Jahrhunderts etwa verdoppelte; ein eher kleineres Anwesen also, in dem aber der Charakter der Hauptstadt eine Änderung der Sozialstruktur, rege Bautätigkeit und allmähliches wirtschaftliches Aufblühen bewirkte. Ein Marstall mit Reitbahnanlage wurde unmittelbar an der Leine errichtet, Opernhaus und Neustädter Kirche setzten neue architektonische Akzente, und in den Jahren 1713–1725 wurde von Remy de la Fosse ein Archivgebäude fertiggestellt. Auch das berühmte Leibniz-Haus, ein Bauwerk

aus dem 14. Jahrhundert, erhielt um die Mitte des 17. Jahrhunderts den überlieferten prächtigen Renaissancegiebel. Es beherbergte seit 1689 die Kurfürstliche Bibliothek, in der auch Leibniz selbst wohnte.

Politisch bedeutete die Residenznahme die Unterwerfung Hannovers unter fürstliche Gewalt und damit den Verlust der Selbständigkeit, in dessen Folge sich auch die gesellschaftlichen Kräfte und sozialen Gruppierungen neu formierten. An die Stelle des Patriziats und seines Gegenpols trat nun eine breite Bevölkerungsschicht unterschiedlichster Couleur, die zusammen mit dem Adel, mit Offizierscorps, höherer Beamtenschaft und gebildetem Bürgertum das Stadtbild bestimmte. Aber auch Kultur und Geistesleben wurden durch den Status der Residenzstadt entschieden mitgeprägt.

Schon Johann Friedrich hatte am städtischen Palatium größere Um- und Ausbauten vornehmen lassen. Die religiösen Interessen des zum katholischen Glauben übergetretenen Landesfürsten spielten dabei eine nicht geringe Rolle, ebenso natürlich das Bedürfnis nach angemessener Hofhaltung. Der von ihm bevorzugte französische Lebensstil ließ darüber hinaus in der Nähe des Dorfes Höringhusen, dessen Name später in Herrenhausen umgedeutet wurde, ein Lustschloß mit Barockgarten und Wasserkünsten entstehen, das 1675 nach zehnjähriger Bauzeit fertiggestellt wurde. In die Projektierung der aufwendigen Wasserversorgung für die Grotten, Kaskaden und Fontänen wurde zeitweilig auch Leibniz einbezogen. „Comedienhaus“ und Oper signalisierten weiterhin einen Wandel im Selbstverständnis der höfischen Kultur. Lösten die Komödien von Molière die deutschen theaterspielenden Wanderkomödianten ab, so italienische Oper und Kirchenmusik die früher bevorzugte Tafel- und Tanzmusik. Die Malerei blieb nicht außerhalb dieser Entwicklung. Johann Friedrich besaß eine Sammlung von 237 Gemälden und verfügte über eine Handbibliothek, die im Schloß schnell zugänglich war. In den ersten Hannoveraner Jahren boten die Bibliotheksräume auch Leibniz Unterkunft und damit beste Möglichkeiten für einen persönlichen Kontakt zum Herzog.

Im Urteil des englischen Freidenkers John Toland zählte der hannoversche Hof in dieser Zeit zu den „politesten“ von ganz Europa, andern galt er als einer der „prächtigsten“ und „amüsantesten“. Charakteristisch für das Hofleben gegen Ende des 17. Jahrhunderts wurde die Verlagerung des Geschehens aus dem Leineschloß nach Herrenhausen, das in der Sentenz von den goldenen Tagen von Herrenhausen zu einem geflügelten Wort wurde. Damit waren nun keineswegs nur Prachtentfaltung und Amüsement gemeint. Den Tagen von Herrenhausen wurde in nicht zu unterschätzender Weise durch die Herzogin Sophie ein Gütesiegel ganz besonderer Art aufgeprägt. Sie war nicht nur die eigentliche Schöpferin des großen Barockgartens, sondern auch Zentrum eines Kreises von Künstlern und an kulturellen Werten Interessierten, die Leibniz wenigstens einige der so häufig vermißten geistigen Erquickstunden verschafften, denn außer ihm selbst und dem als Anatom und Naturforscher hochberühmten Niels Stensen, der als apostolischer Vikar des Nordens 1677 nach Hannover gekommen war, wußte die Residenzstadt kaum Gelehrte von überregionaler Bedeutung in ihren Mauern. Der von lutherischer Seite an den Verhandlungen zur Reunion der Kirchen in Hannover teilnehmende Loccumer Abt Gerhard Wolter Molanus wäre wohl noch zu nennen und auch Ludolf Hugo, für andere wie Georg Friedrich Händel war dieser Ort nur eine Durchgangsstation. Leibniz mußte die ihm so wichtige Dialogform der Erkenntnis daher vor allem in der Korrespondenz entwickeln. So wuchs jener einzigartige Gelehrtenbriefwechsel, und es begann eine Zeit, in der er die vielfältigen Anregungen von Paris sukzessive ausführen konnte, um sie in ein ganzheitliches Konzept von Wissenschaft zu integrieren. Die Mathematik war dabei zunächst eines der bevorzugten Forschungsfelder.

Weitgespannte mathematische Interessen

Veröffentlichungen über Infinitesimalmathematik

War Leibniz bereits um die Mitte der siebziger Jahre im Besitz der Grundzüge seiner Infinitesimalmathematik, deren unmittelbare Entstehungsgeschichte auf einen relativ kurzen Zeitraum einzugrenzen ist, so tat er sich mit ihrer öffentlichen Kenntnisgabe unvergleichlich schwerer. Die Versuche, mit Tschirnhaus in einen Dialog über die neue Analysis zu kommen, fanden wenig Resonanz. Einiges hat Leibniz bald darauf in Briefen an Oldenburg und Huygens angedeutet. Immer war er jedoch darauf bedacht, vor allem Einzelergebnisse mitzuteilen und Umfassenderes nur vorsichtig preiszugeben, um nicht die eigentliche Quelle seiner Ergebnisse, die neue Methode, schon zu einem Zeitpunkt aufzudecken, in dem er sich noch um die einheitliche Fundierung und den systematischen Aufbau seines Calculus bemühte. Ein als „Scientia infiniti" konzipiertes umfassendes Opus sollte den Schlußpunkt unter eine Entwicklung setzen, die im Herbst 1675 so atemberaubend begonnen hatte. Es sollte ein Werk werden, das mit der geschlossenen kalkülmäßigen Darstellung seiner Infinitesimalmathematik zugleich eine neue Methode wissenschaftlicher Forschung anstrebt, deren Bedeutung, sobald sie einmal als universell anerkannt war, das Gebiet des Mathematischen im engeren Sinne überschreitend, der gesamten Naturlehre einen Leitfaden für neue Entdeckungen und Erfindungen an die Hand geben wollte.
Die Problematik des ehrgeizigen Plans, die mit jedem Schritt wirklicher Bewegung offensichtlicher wurde, fand in der Fülle der Leibniz täglich beschäftigenden Aufgaben ihr äußeres Pendant. Letztere waren übrigens keineswegs ausschließlich durch die Pflichten im Dienste des Hauses Braunschweig-Lüneburg bedingt. Sie sind nicht minder das Produkt einer philosophischen Forschungsmaxime, die sich der Einheit in der Vielheit des Wissens nur versichern kann, wenn sie sich produktiv zum Ideenkosmos ihrer Zeit verhält und damit tendenziell wohl nie der Gefahr entgeht, die sich in Niels Stensens Wendung gegen Leibniz ausspricht „Nusquam est, qui ubique est", nirgends ist, wer überall ist.
Doch waren für seine „Publikationspolitik" noch andere Gesichtspunkte maßgebend. Der Rat für Bodenhausen: „Es ist aber guth, daß wann man etwas würklich exhibiret, man entweder keine demonstration gebe, oder eine solche dadurch sie uns nicht hinter die schliche kommen" [GM 7, S. 359] paßt jedenfalls sehr gut auf die eigenen zunächst nur punktuellen Mitteilungen an die scientific community seiner Zeit. Und selbstverständlich haben auch die Gepflogenheiten der Gelehrtenrepublik Pate gestanden, sich auf solche Weise das Prioritätsrecht auf eine Entdeckung oder Erfindung zu sichern. 1678 läßt

er daher im Journal des Sçavans eine Arbeit über die rationale Quadratur eines Zykloidensegments einrücken, der 1682 für die Acta Eruditorum Beiträge über die arithmetische Kreisquadratur und die geometrische Optik folgen. Eine neue Situation ergibt sich, als Tschirnhaus eine Folge von Artikeln zum Tangentenproblem, zur Extremwertbestimmung und über die algebraische Quadratur von Kurven drucken läßt. Vor allem die letztgenannte Studie enthielt nach Leibniz' Ansicht Ergebnisse seiner eigenen Arbeit, die zudem fehlerhaft wiedergegeben waren. In dieser für die Freundschaft der beiden Männer und ihre wissenschaftliche Reputation diffizilen Situation bewies Leibniz diplomatisches Geschick, menschliches Format und Toleranz. Ohne Tschirnhaus' Namen zu erwähnen dokumentierte er seinen eigenen Anspruch auf Priorität, indem er zugleich dessen Fehler richtig stellte. Auch 1684 erfaßt Tschirnhaus die Berechtigung der Leibnizschen Einwände zunächst nicht, billigt dann aber doch Leibniz' Korrekturen.

Fünf Monate später erscheint in den Leipziger Acta Eruditorum unter dem Titel „Nova Methodus pro maximis et minimis ..." (Neue Methode der Maxima und Minima ...) jene Abhandlung, mit der die Zeitrechnung der modernen Analysis beginnt [30]. Leibniz gibt darin ohne Beweis die einfachsten Differentiationsregeln an, indem er sich der Schreibweise von 1675 bedient: „Wenn a eine gegebene konstante Größe ist, so wird da gleich 0 und d(ax) gleich adx. Wenn y gleich v ist ... so wird dy gleich dv" [L 2, S. 3f.]. Es folgen die Summen-, Produkten- und Quotientenregeln, die durch die Rechenregeln für Potenzen mit ganzen positiven, negativen und gebrochenen Exponenten ergänzt werden. Die Kettenregel wird nicht explizit eingeführt, im zweiten Anwendungsbeispiel jedoch benutzt. Leibniz diskutiert den Zusammenhang mit der Tangentenmethode und bemüht sich um eine geometrische Interpretation seines Kalküls, indem er auf der Basis seiner Differentialrechnung Grundzüge einer Kurvendiskussion vorstellt. Der Text findet eine anwendungsorientierte Abrundung durch drei Beispiele, in denen unter anderem das Snelliussche Brechungsgesetz als Extremwertaufgabe und die sogenannte Debaunesche Aufgabe behandelt werden. Letztere ist als das Problem, diejenige Kurve zu bestimmen, deren Subtangente gleich einer Konstanten a ist, in die Geschichte der Mathematik eingegangen. Sie führt auf die gewöhnliche Differentialgleichung

$$\frac{\mathrm{d}y}{\mathrm{d}x} = \frac{x-y}{a},$$

deren Lösung er mit der logarithmischen Kurve findet. Weitere Anwendungen aus dem Gebiet der Dynamik und der Bruchfestigkeitstheorie fundamentierten in der Folgezeit die allgemeine methodische Bedeutung des Calculus und ließen ihn nun endlich ins Blickfeld einer breiteren Öffentlichkeit treten. Sie begründeten mit der Diskussion um die Kettenlinie zugleich Leibniz' Ruf als Mathematiker.

Bekanntlich hatte bereits Galilei in den „Discorsi" (Unterredungen) die Frage nach der Figur eines homogen mit Masse belegten biegsamen Fadens aufgeworfen, der an zwei festen Endpunkten im Schwerefeld aufgehängt sein sollte. Joachim Jungius war der erste, der feststellte, daß es sich bei einer auf diese Weise erzeugbaren Kurve um keine Parabel handeln könne, und der erst siebzehnjährige Huygens vermochte zwar zu zeigen, daß die Kettenlinie keine parabolische Gestalt besitzt, doch die positive Lösung fand auch er nicht. So war die Situation selbst 1691 noch unverändert, als Leibniz schrieb:

In jener Zeit haben sich viele an der Frage versucht, aber keiner hat sie gelöst, bis mir kürzlich von einem gelehrten Mathematiker die Veranlassung gegeben wurde, sie zu behandeln. Als nämlich der berühmte Bernoulli eine von mir herrührende besondere Analysis des Unendlichen, ausgedrückt in der auf meinen Rat eingeführten Differentialrechnung, mit gutem Erfolg auf gewisse Probleme angewandt hatte, forderte er mich im Maiheft der Acta des vorigen Jahres (S. 218 f.) öffentlich auf, ich sollte versuchen, ob nicht unsere Rechnungskunst auch für solche Probleme wie die Auffindung der Kettenlinie ausreichte. Als ich ihm zu Gefallen die Sache versuchte, hatte ich nicht nur Erfolg und löste, wenn ich nicht irre, als erster dieses berühmte Problem, sondern ich bemerkte auch, daß die Linie hervorragende nützliche Anwendungen hat. Dieser Umstand bewirkte, daß ich nach dem Beispiel von Blaise Pascal und andern die Mathematiker unter Festsetzung einer bestimmten Frist zu derselben Untersuchung einlud, um die Methode zu prüfen, damit herauskäme, was jene liefern würden, die vielleicht andere Methoden benutzen als die, welche Bernoulli mit mir gebraucht. [L 2, S. 12 f.]

Derjenige aus der Phalanx der Mathematikerfamilie Bernoulli, von dem Leibniz hier spricht, ist Jakob, und die Note, in der er das Problem der Kettenlinie als Aufgabe formuliert hat, enthält erstmals die Bezeichnung „Integral" für das von Leibniz eingeführte Symbol $\int$. Leibniz selbst konnte sich mit diesem Terminus, der ihm den Sinn der Operation zu verdunkeln schien, nur zögernd abfinden. Deshalb findet sich bei ihm auch die Beschränkung des stilisierten s auf Integrationsprozesse noch nicht. Er benutzt das $\int$-Symbol vielmehr auch andern Orts, um Summationen zu bezeichnen. Die Verwendung des Terminus „Integral" durch die Brüder Bernoulli machte ihn zusammen mit dem entsprechenden Zeichen jedoch zu einem Terminus technicus, dessen Bedeutung wir bis heute beibehalten haben.
Doch zurück zu Leibniz, er leitet die Gleichung

$$y = \frac{a}{2}\,(e^{\frac{x}{a}} + e^{-\frac{x}{a}})$$

als Lösung des Problems der Kettenlinie über die logarithmische Kurve her. Neben Leibniz hatten auch Huygens und Johann Bernoulli Lösungen eingereicht. Jakob Bernoulli indes gab keine Arbeit zum Problem der gewöhnlichen Kettenlinie in Druck, erweiterte aber die Fragestellung dahingehend, daß er auch für den Fall eine Lösung verlangte, in dem die Kette aus dehnbarem Material besteht und mit einer veränderlichen Massenbelegung versehen ist. Wie J. E. Hofmann in seiner Skizze der unmittelbaren Wirkungsgeschichte der Leibnizschen Infinitesimalmathematik feststellt, wurde die Diskussion um die Kettenlinie zu einem außerordentlichen wissenschaftlichen Ereignis im ausklingenden mathematischen Jahrhundert, auf das sich besonders Leibniz etwas zugute halten durfte. Es war ihm nicht nur gelungen, Huygens, den princeps mathematicorum dieser Zeit, zur Teilnahme an einer öffentlichen Diskussion zu bewegen, in den Bernoullis hatte er wichtige Weggefährten für den Ausbau der Infinitesimalmethoden gefunden. Und wenngleich Leibniz

bis dahin keine einzige umfangreichere mathematische Fachschrift veröffentlicht hatte, galt er von nun an als einer der besten Kenner auf diesem Gebiet und war auch in den nächsten Jahren derart erfolgreich, daß das gewonnene Ansehen in den Fachkreisen immer weiter verstärkt wurde. [32, S. 243]

Die grundlegende Bedeutung der Kombinatorik

Als Gegenstück zu seiner Infinitesimalmathematik als einer Analysis infiniti entwarf Leibniz eine Analysis des Endlichen. In ihr sollten neben Algebra und Zahlentheorie auch andere mathematische Disziplinen, etwa Kombinatorik, Determinantenkalkül und Wahrscheinlichkeitsrechnung ihren Platz finden. Ansätze dafür lassen sich bereits in der Pariser Zeit ausmachen. Leibniz hatte sich schon 1674 mit algebraischen und zahlentheoretischen Studien befaßt, und als ihm Jacques Ozanam seinerzeit in Paris die Aufgabe vorlegte, drei Zahlen zu finden, deren Summe eine Quadratzahl und deren Quadratsumme eine Biquadratzahl ergeben sollte, deklarierte er diese kühn als eine Geduldsaufgabe, die er mit dem Ansatz

$$\frac{1}{a} + \frac{1}{b} + \frac{1}{c} = 0$$

auch bald löste. In diesem Falle, d. h. unter der Bedingung, daß höchstens zwei der drei Zahlen positiv sind, lassen sich die Zahlen so bestimmen, daß $a^2 + b^2 + c^2 = (a + b + c)^2$ und $(a^2 + b^2 + c^2)^2 = (a + b + c)^4$ gilt.

Zur Illustration setzt Leibniz $-\frac{1}{2} + \frac{1}{3} + \frac{1}{6} = 0$ an und kann dafür die Lösung $-14 + 21 + 42 = 7^2$ bzw. $-14^2 + 21^2 + 42^2 = 7^4$ als Beispiel angeben.

1677, nun bereits in Hannover, führt er, auf seine Pariser Studien zurückgreifend, einen (noch unvollständigen) Beweis des Satzes, daß kein Pythagoräisches Dreieck eine als Quadratzahl angebbare Fläche besitzt. [GM 7, S. 119 ff.]. Daraus entwickelte sich eine Diskussion mit dem Rintelner Mathematiker Arnold Eckhard, die Leibniz sofort ins Methodische zu wenden wußte. Er stellte nämlich dem überzeugten Cartesianer die Aufgabe, ein Pythagoräisches Dreieck mit Quadratzahlfläche zu finden, einzig aus einem didaktischen Grund. Leibniz wollte, da er die Lösung schon kannte, seinem Diskussionspartner die Grenzen der cartesischen Algebra vor Augen führen. Als Eckhard schließlich erkannte, daß die Lösung des Problems unmöglich ist, den Beweis dafür aber schuldig blieb, nimmt Leibniz dieses Ergebnis zum Anlaß, um im Gegenzug auf die Unzulänglichkeiten der cartesischen Algebra aufmerksam zu machen.

Viel unmittelbarer jedoch als in den Einzelstudien tritt der systematische methodische Impetus des Leibnizschen Denkens in einem undatierten Dialog zutage, dessen Entstehungszeit nach Knobloch ebenfalls in die frühen Hannoveraner Jahre fällt [39, S. 15 f.]. Leibniz greift in diesem Manuskript auf die Platonische Dialogform zurück, um eine Einführung in die Arithmetik und Algebra als Anleitung zur Ars computandi, d. h. zur Rechenkunst überhaupt zu geben. In ihm treten als Dialogpartner Charinus alias Leibniz, der greise Eusebius sowie der angesehene Aretaeus auf, der Vater des Knaben, der nach eigener Aussage von der Rechenkunst noch nichts versteht, sie jedoch, was Leibniz ganz in Platonischer Tradition zeigen will, bereits beherrscht. Der gesamte Dialog ist bewußt in der Form eines natürlichen Gesprächs gehalten und folgt den in den damaligen Rechenbüchern üblichen fünf arithmetischen Operationen: Numeration, Addition, Multiplikation, Subtraktion und Division, wobei Leibniz aus didaktischen Gründen die Multiplikation vor der Subtraktion behandelt.

Der inhaltliche Teil des Gesprächs beginnt mit einer Stegreif-Situation. Durch das Schlagen einer Glockenuhr veranlaßt, fordert Charinus seinen Schüler auf, die ersten 24 Zahlen zu nennen. Indem er ihn anschließend lehrt, das Prinzip der Bündelung auf Zahlen zu übertragen, erkennt der Knabe zu seiner großen Überraschung, daß er bereits eine der Rechenoperationen, die Numeration – worunter das Schreiben und Aussprechen von Zahlen verstanden wurde –, beherrscht.

Ähnliches gilt für die anderen Grundoperationen. Von besonderem Reiz ist die Einführung der Kommutativität der Addition. Charinus versinnbildlicht sie an der Frage nach der Anzahl der möglichen ehelichen Verbindungen, die drei Männer mit zwei Frauen bzw. umgekehrt eingehen können, um schließlich zur algebraischen Multiplikation überzugehen. Diese stellt sich ihm als Sonderfall aus einem Reservoir von Kombinationen dar, der lediglich dadurch ausgezeichnet ist, daß er bestimmten ausschließenden Gesetzen genügt, so daß Leibniz auch an dieser Stelle die für ihn grundlegende Einsicht von der Subsumtion der Algebra unter die Ars combinatoria herausstreicht. Diese Phase des Gesprächs ist darüber hinaus aus einer anderen Perspektive von Interesse. Der durch die Hilfe des Lehrers sich seiner geistigen Kräfte bewußt werdende Knabe versteht nämlich nicht, weshalb es ihm nicht gelungen ist, das kommutative Gesetz der Multiplikation sofort zu durchschauen. Zur Aufklärung seines erstaunten Schülers verweist Charinus-Leibniz darauf, daß diese Erkenntnis zwar in seinem Geiste vorhanden gewesen sei, jedoch ungeordnet. Er unterstreicht damit die Bedeutung einer methodenbewußten und d. i. regelgeleiteten Erkenntnishaltung, die es ermöglichen soll, das Filum cogitandi, den Leitfaden wissenschaftlicher Forschung im Verstande ebenso wie in der verwirrenden Datenfülle der Sinnlichkeit auszumachen. Damit ist erneut das Problem der „Scientia generalis" angesprochen. Wie die „Scientia infiniti" für die Analysis, so soll die Ars combinatoria für Algebra, symmetrische Funktionen, Determinanten und Wahrscheinlichkeitsrechnung die Brücke zur allgemeinen Wissenschaftslehre schlagen, um so die Einheit der mathematischen Disziplinen zusammen mit den anderen Wissenschaften auf einer gemeinsamen wissenschaftstheoretischen Basis zu begründen.

Das Ergebnis dieser grundlegenden Orientierung sind zunächst neue kombinatorische Einsichten. Bereits in Paris gibt Leibniz die Anzahl aller Kombinationen ohne Wiederholung bei n Elementen mit 2^n an. Er versteht mithin im Gegensatz zur Dissertation von 1666 auch die nullio als Kombination, was bedeutet, daß aus einer gegebenen Menge von Elementen keines auszuwählen als legitime kombinatorische Operation anzusehen ist. Auch wird der Terminus combinatio jetzt für Kombinationen überhaupt verwendet, während die Variationen mit unius variatio, bigae, trigae usw. ihre Bezeichnung erhalten.

Inhaltliche Schwerpunkte setzt Leibniz, indem er den Knaben des Aretaeus das additive Bildungsgesetz $\binom{n}{k} + \binom{n}{k-1} = \binom{n+1}{k}$ finden läßt.

Mit seiner Hilfe werden die Tafeln des arithmetischen Dreiecks auf einfache Weise verfügbar, deren Konstruktion ein für ihn wichtiges Anwendungsgebiet der Kombinatorik darstellt. Darüber hinaus betrachtet er um die Mitte der siebziger Jahre auch Kombinationen und Variationen mit Wiederholung als Problemfelder, bei deren Untersuchung er findet, daß es

$$\binom{n-1}{k-1}$$

Zerfällungen einer Zahl n in k Summanden gibt, vorausgesetzt, die Reihenfolge der Summanden wird berücksichtigt.

In der Diskussion mit Tschirnhaus werden darüber hinaus auch metamathematische Fragen angesprochen. So sieht Leibniz einen der Gründe für Tschirnhaus' mathematischen Cartesianismus darin, daß dieser meinte, alle Regeln der Kombinatorik seien aus den Polynomen und deren Potenzen herzuleiten. Leibniz will den Zusammenhang nicht generell in Abrede stellen, gibt allerdings zu bedenken, daß Tschirnhaus' Aussage streng genommen nur gelte, wenn man die kombinatorische Kunst als eine Wissenschaft versteht, der es nur darauf ankommt, die Anzahl der Kombinationen bzw. Variationen zu bestimmen. In Wirklichkeit stimme sie mit der Scientia characteristica generalis überein [L 4, S. 523]. Das Anwendungsgebiet dieser Wissenschaft bleibt daher auf die Mathematik keineswegs eingeschränkt. Kombinatorische Gesetze führen ihn zur Annahme von Geschichtszyklen, in denen sich eines

Tages alles Gesagte und Getane wiederholen wird. Leibniz schließt, daß bei gleichbleibendem Fortschritt sich endlich einmal alles erschöpft,

> so daß man nicht einmal einen Roman schreiben kann, den nicht ein anderer schon geschrieben hat, und daß man nichts Neues mehr erdichten kann. So muß es auf jeden Fall einmal einen Tag geben, da man buchstäblich nichts sagen wird, was nicht schon einmal gesagt worden ist. Denn entweder wird man das sagen, was schon gesagt worden ist, oder man wird, wenn man fortfahren will, neue Dinge zu sagen, das, was noch zu sagen übrig bleibt, erschöpfen, da diese Menge, wie wir bald beweisen werden, begrenzt ist. Es handelt sich also darum, eine Zahl anzugeben, die größer ist als die Zahl von allem, was man sagen oder ausdrücken kann; dies wollen wir nun tun. [L 11, S. 208]

Das Manuskript bricht an dieser Stelle allerdings ab, doch läßt sich in anderen Handschriften Aufschluß über seinen geplanten Fortgang erlangen. In „De l' Horizon de la doctrine humaine" (Über den menschlichen Wissenshorizont) berechnet er aus der Zahl der Buchstaben die Anzahl der möglichen Wörter, nämlich:

$$(24^{23} - 24) : 23,$$

und für die Zahl der möglichen Aussagen gibt er

$$(24^{365000000000001} - 24) : 23$$

an [L 8, S. 96]. Mathematisch ist für Leibniz die Ars combinatoria vor allem als Lehre von den Formen wichtig.

Symmetrische Funktionen

Unter Formen versteht Leibniz, wie Charinus im Dialog über die Rechenkunst erläutert, Aggregate gleichdimensionierter Summanden. Genauer: Eine Form bezeichnet den Funktionswert eines Polynoms von n Unbestimmten a, b, c . . .; bleibt sie bei jeder Permutation der symmetrischen Gruppe S_n invariant, so heißen solche Formen symmetrische Funktionen. Da auch diesbezüglich die ersten Überlegungen wieder in Richtung Paris weisen, wird man sich von der Produktivität der Jahre zwischen 1672 und 1676 wohl nur dann eine ungefähre Vorstellung machen können, wenn man sie zusammen mit ihren zeitlich auseinandergelegten Wirkungen in den Blick nimmt. So erst wird das gesamte Ausmaß seines erzwungenen Wechsels von der Weltmetropole in die Provinz faßbar. Der Abschied von einer Zeit, die so inhaltsreich war, daß sie noch Jahre später als eine Ideenfundgrube wissenschaftlicher Entdeckungen von sich reden machte, ist ein Plädoyer für die Schaffung von Formen wissenschaftlicher Kreativität bis heute.

Doch bleiben wir zunächst bei den Formen ganz anderer Art. Leibniz erörtert sie, wie gesagt, gelegentlich seiner Pariser Versuche, die allgemeine Auflösung einer Gleichung fünften oder höheren Grades zu finden. Da er dafür ständig Polynompotenzen ausrechnen und verschiedene Formen miteinander multiplizieren muß, wird ihm schnell klar, daß symmetrische Größen grundsätzlich zwei Vorteile bieten: Sie erleichtern das Auffinden von Rechenfehlern, aber

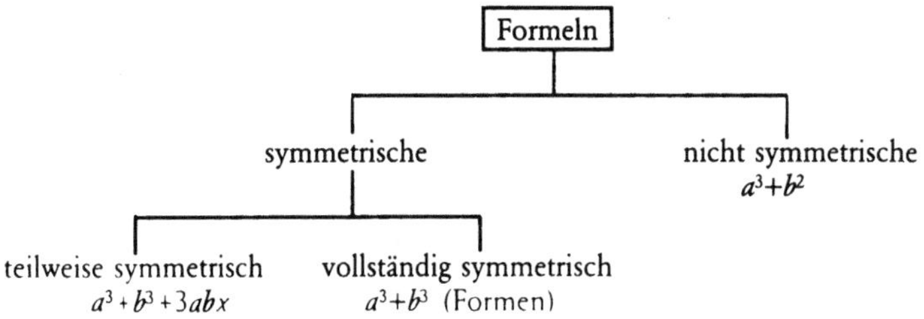

14 Einteilung der Formeln

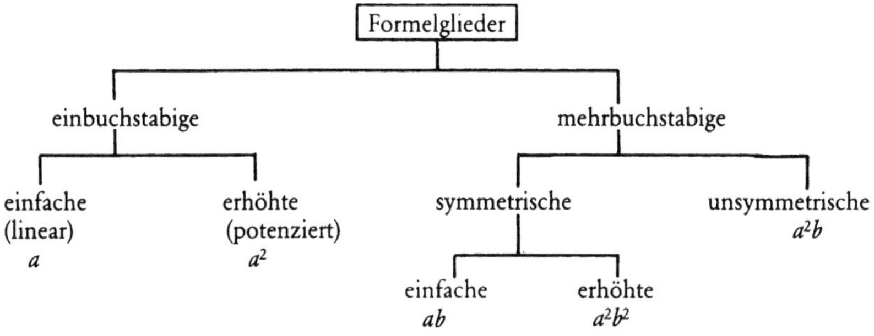

15 Benennung und Anordnung der Formelglieder

auch die Rechnung selbst. Diesem Gedanken folgend bemüht er sich gegen Ende der siebziger Jahre, vor allem die Zahl der unbekannten Größen einer Gleichung dadurch zu reduzieren, daß er alle Formen auf bestimmte einfache von ihnen zurückführt, die aequiformes formae. Leibniz spricht im Rahmen dieser Studien en passant den Hauptsatz über symmetrische Funktionen aus, indem er feststellt, daß sich alle symmetrischen Funktionen in eindeutiger Weise auf die sogenannten elementarsymmetrischen Funktionen zurückführen lassen, die sich aus den einfachen (ein- und mehrbuchstabigen) Formelgliedern ergeben [40, S. 125] (Abb. 14, 15).

Die Erörterung allgemeiner Methoden der Formenreduktion veranlaßte Leibniz bereits im Frühsommer 1678 zur Untersuchung von Potenzsummen, die einige Monate später zum bevorzugten Forschungsobjekt werden. Und indem er eine allgemeine Regel für die in den Darstellungen der Potenzsummen auftretenden Koeffizienten aufstellt, löst er nicht nur die Probleme, die sich beim Erstellen von Multiplikationstabellen für Formen ergaben in systematischer Weise, er wird auch zum Entdecker der sogenannten Girardschen Formel, die Edward Waring 1762 zum ersten Mal veröffentlichte. Leibniz hat spätestens 1680 eine Regel für die Potenzsummenberechnung gefunden, deren Koeffizienten sich für einen beliebigen Ausdruck

$x^{r_1} y^{r_2} z^{r_3} \ldots$ in verallgemeinerter Form nach

$$\frac{(r_1+r_2+r_3+\cdots)!}{r_1!\,r_2!\,r_3!\cdots}\cdot\frac{(1r_1+2r_2+3r_3+\cdots)}{(r_1+r_2+r_3+\cdots)}=\frac{(\sum_k r_k)!}{\prod_k (r_k!)}\cdot\frac{\sum_k kr_k}{\sum_k r_k}$$

berechnen lassen. Die Vorzeichen ergeben sich in moderner Schreibweise gemäß

$$(-1)^{\sum_k kr_k+\sum_k r_k}=(-1)^{\sum_k (k+1)r_k}$$

[40, S. 142]. Daraus leitet Leibniz die Polynominalkoeffizienten als Spezialfälle ab und integriert auf diese Weise ein Ergebnis des ausklingenden Parisaufenthalts, den Polynominallehrsatz, den er schon Jahrzehnte vor seiner Publikation in den Philosophical Transactions von 1697 durch Abraham de Moivre entdeckt hatte, in seine allgemeine Formenlehre.
Über diese Thematik entspann sich nach 1700 eine fruchtbare Korrespondenz mit Theobald Overbeck, in der Overbeck eine Regel dafür angab, wie Potenzsummen zu multiplizieren sind und dadurch die Frage beantwortete, wieviele Partitionen eines speziellen Typs eine endliche Menge besitzt. Damit ist ein dritter Komplex der Leibniz im Rahmen der Ars combinatoria interessierenden mathematischen Problemfelder angesprochen, seine Studien zu Partitionen.

Studien zu Partitionen

Der Verweis auf die kombinatorische Kunst ist auch in diesem Falle nur in der Einheit von Systematik und Geschichte ausschöpfbar, bekundet doch Leibniz schon in Altdorf ein reges Interesse an diesem mathematischen Teilgebiet. Bereits in der „Dissertatio de Arte combinatoria" deutet er die discerptiones, für die auch schon der deutsche Fachausdruck Zerfällungen eingeführt wird, als eine echte Teilmenge der Kombinationen, und zwar derjenigen, die zusammengenommen dem Ganzen gleich sind. Leibniz versteht die Zerfällungen somit als Kombinationen bzw. Variationen zu bestimmten Summen, für die er im Falle zweier Summanden für eine gerade Zahl n $P_n^2=\frac{n}{2}$ bzw. $P_n^2=\frac{n-1}{2}$ bei ungeradem n als Anzahl der Partitionen angibt. Soll darüber hinaus die Reihenfolge der Summanden berücksichtigt werden, so hat man nur auf die allgemeine Regel zur Bestimmung der Anzahl der Variationen zur k-ten Klasse $\binom{n-1}{k-1}$ zurückzugreifen, aus der mit $k=2$ dann $\binom{n-1}{1}=n-1$ folgt.

Wie eng seine Studien zu Partitionen mit den ursprünglichen Problemstellungen der „Ars combinatoria“ verknüpft sind, wird zusätzlich durch die von Leibniz immer mit Sorgfalt und Bedacht gewählten Bezeichnungen und Schreibweisen belegt. Wenn er auch den Terminus discerptiones für Zerfällungen favorisiert, um diesen für Partitionen in 1, 2, 3, ... Summanden zu uniscerptiones, biscerptiones, triscerptiones usw. abzuwandeln, so findet sich in anderen Handschriften doch eine Schreibweise, die mit den Bezeichungen 1scerptiones, 2scerptiones, 3scerptiones ... den Rückgriff auf die Dissertation von 1666 nur zu deutlich macht. Darüber hinaus ist festzuhalten, daß Leibniz' Suche nach adäquater Begrifflichkeit, deren mathematische Bedeutung par excellence er mit der Erfindung des Calculus und namentlich mit seinem neuen Symbolismus unter Beweis stellte, auch in der additiven Zahlentheorie zu Ergebnissen führte. Leibniz hat nicht nur die Eulersche Wortschöpfung partitio numerorum vorweggenommen, er führte mit $\overline{v|\boxed{\bar{e}\text{ sect.}}}$ schließlich ein Symbol ein, das sich mit P^e_v übersetzen läßt und die Anzahl der Zerfällungen einer Zahl v in e Summanden meint (sect. = lateinisch sectiones) [40, S. 172 f.].

Dieses Symbol ist Bestandteil eines Manuskripts, in dem sich Leibniz mit der Suche nach Rekursionsformeln ein Feld erschließt, auf dem er insgesamt sehr erfolgreich war. Stellte sich nämlich in seinen Jugendjahren die allgemeine Lösung für P^2_n eher beiläufig ein, so hat er das gleiche Problem für drei Summanden trotz mehrmaliger Anläufe nicht bis zur Angabe einer vollständigen und fehlerfreien Formel führen können. Auf die Bestimmung der Anzahl von Partitionen in mehr als drei Summanden hat er vermutlich aus diesem Grunde gänzlich verzichtet. Im Gegensatz dazu waren seine Streifzüge in das Gebiet der Rekursionsformeln weitaus glücklicher. Methodisch ist er dabei in immer gleicher Weise vorgegangen. Er benötigte umfangreiche Tabellen von Zerfällungszahlen, aus denen er dann die gesuchte Beziehung induktiv ablas. Bereits 1673 war Leibniz im Besitz der Formel

$$P^n_n = P^{n-1}_n = 1, \qquad (5)$$

an deren Einführung das Grundsätzliche seines Verfahrens leicht nachvollziehbar wird. Leibniz schreibt in drei Tafeln alle Partitionen für 4,6 und 8 auf. Dazu wird in der ersten Spalte die Anzahl der Summanden vermerkt und in der zweiten die zugehörige Anzahl der Zerlegungen.

Das ergibt für $n = 6$ folgende Tabelle:

1	1	6
2	3	5 + 1. 4 + 2. 3 + 3
3	3	4 + 1 + 1. 3 + 2 + 1. 2 + 2 + 2
4	2	3 + 1 + 1 + 1. 2 + 2 + 1 + 1
5	1	2 + 1 + 1 + 1 + 1
6	1	1 + 1 + 1 + 1 + 1 + 1

woraus er die gesuchte Beziehung (5) erhält, indem er das Ergebnis der letzten und der vorletzten Zeile, d. h. der 5scerptiones und 6scerptiones aufschreibt. Nachdem Leibniz von Overbeck umfangreiche Tabellen mit Zerfällungszahlen übernommen hat, findet er eine Reihe von Rekursionsgesetzen, von denen an dieser Stelle nur die 1751 durch Leonhard Euler veröffentlichte Rekursionsformel erwähnt werden soll. Auch bei dieser Gelegenheit ist ein Vergleich der Symboliken reizvoll. Leibniz schreibt für die Gleichung, die wir heute in der Form

$$P^{\mu}_{m} = P^{\mu}_{m-\mu} + P^{\mu-1}_{m-1} \quad \text{wiedergeben würden,}$$

$$n \overset{t}{\diagup\diagdown} c = (n-b) \overset{t}{\diagup\diagdown} c + (n-b) \overset{t}{\diagup\diagdown} (c-1),$$

wobei *n* angibt, der wievielte Term *t* der Spalte *c* gemeint ist. Ersetzt man *n* durch *m* und $b = c$ durch μ, so erhält man die Eulersche Variante von 1751:

$$m^{(\mu)} = (m-\mu)^{(\mu)} + (m-1)^{(\mu-1)}.$$

Arbeiten über Determinanten

Schon der bisherige Überblick zum mathematischen Schaffen Leibniz' läßt den Ideen- und Erfindungsreichtum eines ungewöhnlichen esprit mathématique Konturen gewinnen, der sich in einer Vielfalt mathematischer Gegenstände und Themen ebenso zu Hause weiß, wie bei der Erörterung ihrer metatheoretischen Problemlage. Unternimmt man es angesichts dieser Situation, nach den Gründen für Leibniz' mathematische Produktivität zu suchen, die ihn nicht selten dem gesicherten Wissen und Diskussionsstandard seiner Zeit vorauseilen ließen, so ist die Verknüpfung der genannten beiden Momente gewiß eines der Elemente seiner Innovationsfreudigkeit und seiner Fortschritte als Mathematiker. Bereits 1675 hatte er ja Grundtendenzen der Mathematikentwicklung seiner Zeit in ihrer metamathematischen Dimension erfaßt und damit die Differential- und Integralrechnung ermöglicht. Die Diskussion zwischen Leibniz und Tschirnhaus über das Verhältnis von Ars combinatoria und Algebra sowie die daraus abzuleitenden Konsequenzen markieren einen weiteren methodentheoretisch bedeutsamen Schritt von prägendem Einfluß auf Leibniz' Mathematikverständnis. Und dennoch bewirken Grundsatzentscheidungen dieser Art für sich genommen den mathematischen Erfolg noch nicht. Sie bilden erst die notwendige Voraussetzung der im Detail zu vollbringenden mathematischen Leistung, bei der eine differenziert ausgearbeitete Wissenschaftsmethodologie jedoch stets präsent bleibt.
Leibniz' immerwährendes Bemühen um geeignete Symboliken und Termini bezeichnet einen solchen Punkt methodologischer Heuristik, der ihm zugleich ein zentrales Anliegen wissenschaftlicher Tätigkeit ist und daher ein

kurzes Verweilen lohnt. Entwickelt wird die Problematik in den erkenntnistheoretischen Schriften, insbesondere in den „Neuen Abhandlungen über den menschlichen Verstand". Durch Locke angeregt, dessen Ansichten Philalethes in Leibniz' dialogisch aufgebauter erkenntnistheoretischer Hauptschrift vertritt, greift Theophile-Leibniz die Frage nach der Bedeutung von Worten auf und begründet ausführlich seine Position, daß Worte, obwohl nicht durch eine Naturnotwendigkeit bestimmt, dennoch nichts weniger als willkürlich sind. In diesem Rahmen entwirft er eine Theorie der Zeichen, die als Bedingung adäquater Erkenntnis vor allem in der Algebra und Arithmetik Verwendung findet und mit diesen mathematischen Disziplinen eine spezifische Erkenntnisform, die symbolische begründet. Da nun aber, wie Leibniz erkennt, bei weitem nicht alle Zeichensysteme gleichwertig sind, muß es solche mit einem Plus an Erklärungswert gegenüber anderen geben, was er didaktisch geschickt im 4. Buch der „Neuen Abhandlungen" an einem einfachen Beispiel vorführt. Er wählt dafür ein lineares Gleichungssystem, das er schrittweise als singulären Fall, in allgemeiner Form, d. h. mit Hilfe der Buchstabenalgebra und mit symbolischen Zahlen behandelt. Die solcherart iterativ gewonnene symbolische Anpassung an das mathematische Problem beschreibt Leibniz als eine über Viète hinausweisende methodische Leistung und bekennt 1704:

> So habe ich die Zahlzeichen wieder einführen wollen, weil sie sogar in der allgemeinen Algebra geeigneter sind als die Buchstaben. Ich habe dies in großen Rechnungen sehr nützlich gefunden, um Irrtümer zu vermeiden und selbst Proben wie zum Beispiel die Neunerprobe mitten in der Rechnung ohne das Resultat abzuwarten, anzustellen, was es nur bei Zahlen anstelle von Buchstaben gibt. Diese Methode ist oft möglich, wenn man sich der Setzung der Zahlzeichen mit Geschick bedient, derart daß sich die Voraussetzungen im besonderen Falle als wahr erweisen; außerdem besteht der Nutzen darin, daß man die Verbindungen und die Ordnung einsieht, welche die Buchstaben allein niemals dem Geiste so klar entwirren können, wie ich andernorts gezeigt habe, indem ich fand, daß ein gutes Zeichensystem eines der größten Hilfsmittel des menschlichen Geistes ist. [L1, 2, S. 367]

Diese Sätze stimmen fast wörtlich mit den Passagen eines Manuskripts zur Theorie der Determinanten überein, in dem Leibniz auf die Vorteile seiner algebraischen Indexbezeichnung verweist. Gegenüber der zitierten Stelle ergänzt er noch, daß es durch Zahlen möglich ist, Bildungsgesetze aufzufinden, wobei die Überlegungen mit der Bemerkung abgerundet werden:

> Dies also ist die höchste Regel der Charakteristik, daß die Charaktere alles ausdrücken, was in der bezeichneten Sache verborgen liegt, was durch Zahlen wegen ihrer Reichhaltigkeit und Eignung zum Rechnen am besten geschieht. [43, S. 98]

Die doppelte Zielrichtung dieser Bemerkung liegt mit dem Verweis auf den Bedeutungsgehalt der Charaktere klar zutage. Leibniz erteilt wissenschaftsmethodologisch jenen Ansichten eine Absage, die der Willkürlichkeit von Zeichen das Wort reden. Der Kontext, in dem diese Formulierung gebraucht wird, unterstreicht darüber hinaus die mathematische Relevanz dieser Entscheidung, denn im Juni 1678 führt der intensiv mit linearen Gleichungssystemen befaßte Leibniz erstmals in der Geschichte der Mathematik Doppelindizes ein. Daß diese Indizierung, die sich von der modernen Schreibweise nur dadurch unterscheidet, daß Leibniz *ij* statt a_{ij} schreibt, die mathematische Behandlung linearer Gleichungssysteme in einem Maße erleichterte, daß man sich heute kaum noch vorstellen kann, wie man ohne dieses Hilfsmittel hat auskommen können, spricht für sich. Doch welche Konsequenzen hat Leibniz selbst gezogen?

Nach eigener Aussage hatten seine Studien über lineare Gleichungssysteme und Polynome 1684 einen Stand erreicht, den er insbesondere hinsichtlich der Ergebnisse der Handschrift vom 22. 1. 1684 als abgeschlossen ansah. Er behandelte darin nacheinander alle inhomogenen linearen Gleichungssysteme von einer Gleichung mit einer Unbekannten beginnend bis hin zu fünf Gleichungen mit vier Unbekannten. Die Vorteile seiner Indexschreibweise nutzend, findet er zahlreiche independente Bildungs- und Vorzeichenregeln für die Lösung bzw. die Resultante der entsprechenden Gleichungssysteme. Betrachtet man etwa den einfachen Fall zweier Gleichungen mit einer Unbekannten, d. h.

$$a_{10} + a_{11}\,x = 0,$$
$$a_{20} + a_{21}\,x = 0,$$

so ergibt sich als Resultante in moderner Schreibweise

$$\begin{vmatrix} a_{10} & a_{11} \\ a_{20} & a_{21} \end{vmatrix} = 0.$$

Leibniz schreibt dafür: $\begin{matrix} +\,10.\,21 \\ -\,11.\,20 \end{matrix}$ aequ. N.(deutsch: gleich Null).

Schrittweise wird nun der Symbolismus so vereinfacht, daß man mit der Kurzschrift zugleich den mathematisch wesentlichen Zusammenhang verfügbar hat. Leibniz setzt also fort:

$$\begin{matrix} +\,{\scriptstyle 1}0.{\scriptstyle 2}1 \\ -\,{\scriptstyle 1}1.{\scriptstyle 2}0 \end{matrix} \text{ aequ. N. oder } \begin{matrix} +\,0.1 \\ -\,1.0 \end{matrix} \text{ aequ. N. oder } \overline{0.1} \text{ aequ. N.}$$

Wie man sieht, verlieren die ursprünglich gleichberechtigten linken Ziffern zunehmend an Bedeutung, indem sie zunächst kleiner geschrieben werden und dann ganz wegfallen. Das Wesen der Zeichenausdrücke besteht für Leibniz daher in den Kombinationsmöglichkeiten der rechten Ziffern – ein erneuter Hinweis auf die allgemeinmethodische Bedeutung der Ars combinatoria für sein Mathematikkonzept. Gleichzeitig nimmt man wahr, wie sich auf diesem Hintergrund und vermittelt durch die spezielle Zeichennatur eine neue mathematische Lösung anbahnt.

Faßt man nämlich

$$\begin{vmatrix} 10 & 11 \\ 20 & 21 \end{vmatrix} = \overline{0.1} \qquad (6)$$

als Definitionsgleichung des zweiziffrigen Querstrichsymbols auf, so ist damit nicht nur die Determinante als mathematische Entität symbolisch fixiert, mit $\overline{0.1} = -\overline{1.0}$ läßt sich auch sofort eine erste Rechenregel angeben. Leibniz erkennt somit, daß ein Vertauschen zweier Zeilen oder Spalten im Determinantenausdruck einen Vorzeichenwechsel zur Folge hat.

In diesem Formalismus wird die Lösung eines linearen Gleichungssystems von zwei Gleichungen mit zwei Unbekannten möglich. Schreibt man das Gleichungssystem in der Form

$$10 + 11x + 12y = 0$$
$$20 + 21x + 22y = 0,$$

so ergibt sich als Lösung

$$\overline{0.2} + \overline{1.2}\,x = 0$$
$$-\overline{0.1} + \overline{1.2}\,y = 0. \qquad (7)$$

Die Transkription in die moderne Notierung macht unmittelbar evident, daß Leibniz die Cramersche Regel für die Lösung des linearen Gleichungssystems verwendet, über deren allgemeine Form er 1684 verfügt. Gabriel Cramer hat diese Regel 1750 veröffentlicht. Auch die Resultante des Systems dreier linearer Gleichungen mit zwei Unbekannten läßt sich in diesem Formalismus auf einfache Weise hinschreiben. Leibniz notiert:

$$\overline{0.1}^3 2 - \overline{0.2}^3 1 + \overline{1.2}^3 0 \text{ aequ. N.}$$

Dies aber bedeutet nichts anderes als die Entwicklung der Determinante

$$\begin{vmatrix} a_{10} & a_{11} & a_{12} \\ a_{20} & a_{21} & a_{22} \\ a_{30} & a_{31} & a_{32} \end{vmatrix} = 0$$

nach der dritten Zeile, für die es dann freilich die Alternativen

$$\overline{0.1}^2 2 - \overline{0.2}^2 1 + \overline{1.2}^2 0 \text{ aequ. N. bzw.}$$
$$\overline{0.1}^1 2 - \overline{0.2}^1 1 + \overline{1.2}^1 0 \text{ aequ. N.}$$

gibt. Je nach der Entwicklungsform repräsentieren die Unterdeterminanten $\overline{0.1}^1$, $\overline{0.1}^2$, $\overline{0.1}^3$ entweder

$$\begin{vmatrix} a_{20} & a_{21} \\ a_{30} & a_{31} \end{vmatrix} \quad \text{oder} \quad \begin{vmatrix} a_{10} & a_{11} \\ a_{30} & a_{31} \end{vmatrix} \quad \text{oder aber} \quad \begin{vmatrix} a_{10} & a_{11} \\ a_{20} & a_{21} \end{vmatrix},$$

die bei Leibniz nur vermittelt über den allgemeinen Ausdruck $\overline{0.1.2.}$ aequ. N. auszuweisen sind, da er in seinem Symbolismus primär auf den kombinatorischen Zusammenhang abhebt. Dieser allerdings ermöglicht sofort die Erweiterung auf n Ziffern, wobei die $n!$ Terme, die durch $\overline{1.2.3.\ldots n}$ dargestellt werden, entstehen, indem man sukzessive zwei Ziffern permutiert. Zusammen mit einer allgemeinen Vorzeichenregel gibt dieses kombinatorische Verfahren ein Mittel in die Hand, den Wert einer Determinante für beliebiges *n* auszurechnen.

Obwohl sich Leibniz in mehr als einhundert Handschriften mit der Lösung linearer Gleichungssysteme und den Eliminationsproblemen bei Gleichungen höheren Grades befaßt hat und dabei zu ausgesprochen modernen Ansichten und wichtigen Ergebnissen gelangt ist, hat er nichts über Determinanten veröffentlicht. Nur seine neuartige Bezeichnungsweise machte er im Maiheft der Acta Eruditorum von 1700 und der einzigen während seiner Präsidentschaft in Berlin erschienenen Publikation der Akademie, der Miscellanea Berolinensia (1710) bekannt. Da selbst die Korrespondenz diesbezüglich nur wenig ergiebiger ist, blieb auch in dieser im 17. Jahrhundert verbreiteten Form wissenschaftlicher Kommunikation eine Breitenwirkung aus. So erfuhr die wissenschaftliche Öffentlichkeit erst 1850 durch die editorischen Arbeiten Carl Immanuel Gerhardts von Leibniz' Anteil an der Begründung der Determinantentheorie, und es vergingen noch einmal mehr als hundert Jahre, bis von Eberhard Knobloch ein umfassenderer Textband vorgelegt werden konnte. Angesichts der disziplingeschichtlichen und methodentheoretischen Bedeutung dieser Leibnizschen Handschriften ist dieser Befund ein deutliches Votum für die Einheit von Editionsarbeit und wissenschaftshistorischer Grundlagenforschung, einer Aufgabenstellung, deren Bewältigung uns nach einem Wort von Immanuel Kant auch heute noch nicht gegeben, wohl aber aufgegeben ist.

Wahrscheinlichkeitsrechnung und Statistik

Die soeben erwähnte Beziehung von Editionsarbeit und Grundlagenforschung war offenbar bereits zu Leibniz' Zeiten ein heiß umstrittenes Problem. Jedenfalls veranlaßte sie den jungen Leibniz in der Vorrede zu der von ihm besorgten Nizolius-Ausgabe zu der Bemerkung:

> Die Schriften anderer herauszugeben, wohlgeneigter Leser, ist ein geringes und verachtetes Geschäft. Menschen, deren spitzfindige und eingebildete Sinnesart sich über die anderen erhebt, halten ein solches Unternehmen für das Merkmal eines ärmlichen-Talentes. Sie pflegen die Autoren, die ihre Namen mit auf fremde Schriften setzen, mit dem Spitznamen ‚Mauerkraut' zu verhöhnen ... Mich nun bewegt dies wenig ... wenn ich bei jenen Kritikern nicht für geistvoll gehalten würde, da es mir genügt, zum mindesten den Lob des Fleißes und des guten Willens davonzutragen. [L 11, S. 1]

Dieser ist ganz ohne Zweifel auch hinsichtlich der Leibnizschen Manuskripte im Umkreis von Wahrscheinlichkeit und Statistik noch vonnöten. Gewiß, diese Handschriften sind vom rein mathematischen Standpunkt aus gesehen den Ergebnissen zur Determinantentheorie beispielsweise kaum vergleichbar, so daß Leibniz tiefere Spuren, die ihn an die Seite von Pascal, Fermat, Huygens, Jakob Bernoulli oder Moivre hätten stellen können, in dieser mathematischen Domäne nicht hinterlassen hat. Doch war auch Leibniz mit jenen Grundproblemen vertraut, aus denen schließlich die Wahrscheinlichkeitsrechnung erwachsen ist. Gemeint sind das problème des partis, d. h. die Frage nach der Teilung eines Spieleinsatzes bei vorzeitigem Abbruch des Spiels – eine von Luca Pacioli, Girolamo Cardano und Niccolò Tartaglia gesehene, aber nicht gelöste Aufgabe – und das problème des dés. Letzteres bezieht sich auf die Berechnung der Wahrscheinlichkeit einer bestimmten Augenzahl beim Würfeln, die für definierte Bedingungen, d. h. für eine bestimmte Anzahl von Würfeln und Würfen anzugeben ist. Leibniz hat sich mit beiden Aufgaben befaßt.

Dem Teilungsproblem widmet er sich in einer dreiteiligen, noch zu Beginn des Jahres 1676 in Paris angefertigten Studie. Er will darin, wie er sich ausdrückt, die Sache nach seinen Grundsätzen prüfen, und das heißt für ihn nach kombinatorischen. Im Verhältnis zu Pascal, der ein elegantes Verfahren entwickelt hatte, das ihn unter Verwendung des arithmetischen Dreiecks für den Fall zweier Spieler jede beliebige Lösung finden ließ, favorisierte Leibniz ein methodisches Vorgehen, das dem Fermats sehr ähnelte. Konnte jedoch Pascal der Übereinstimmung seiner Resultate mit denen Fermats einen nachgerade philosophischen Sinn geben, der mit dem Satz: „Ich stelle fest, daß in Toulouse und Paris dieselbe Wahrheit gilt" [PO, S. 77], viel mehr als bloß Genugtuung über ein gelöstes mathematisches Problem ausdrückt, so blieb Leibniz eine vergleichbare Feststellung versagt.

Sein Ansatz bestand darin, proportionale Zusammenhänge zwischen den Gewinnwahrscheinlichkeiten der beteiligten Spieler einerseits und den noch ausstehenden Partien andererseits zu finden, die dann Aufschluß über die richtige Teilung des Einsatzes geben sollten. Wie die beträchtliche Anzahl der überlieferten Tabellen dokumentiert, scheiterten seine wiederholten Versuche daran, daß ihm eine vollständige Disjunktion der möglichen Fälle mißlang, da er kombinatorische Figuren schon bei der Berechnung der Gewinnwahrscheinlichkeiten in unstatthafter Weise als gleichwahrscheinlich interpretierte. Die Hauptschwierigkeit bestand für ihn deshalb im Erfassen der adäquaten kombinatorischen Fragestellung, d. h. der Bestimmung der Variationen mit Wiederholung – ein Problem, das in der fast gleichzeitig entstandenen Aufzeichnung „De numero iactuum in tesseris" (Von der Zahl der Würfe beim Würfelspiel) die conditio sine qua non der Lösung des problème des dés bildet. Hinsichtlich dieser zweiten wahrscheinlichkeitstheoretischen Grundaufgabe erschließt sich Leibniz das kombinatorisch Wesentliche in einem sukzessiven Abstraktionsprozeß, dem, wie bei der algebraischen Indexbezeichnung auch, eine symbolische Vereinfachung parallel läuft, so daß es ihm gelingt, die Anzahl der Variationen mit Wiederholung in allgemeiner Form zu bestimmen und die Frage nach der Anzahl der Variationen, die ein bestimmtes Element enthalten zu lösen [4]. Auch die Anzahl der Kombinationen mit Wiederholung, deren Klassen sich aus der Zahl *k* der verwendeten Würfel ergeben, wird ermittelt. Hier allerdings dringt Leibniz zu keiner allgemeinen Regel vor [6]. Doch hat er die Fragestellungen der klassischen Wahrscheinlichkeitstheorie damit auf ein Fundament gestellt, das seinen methodischen Forderungen genügt. In diesem Bewußtsein kann er 1676 schreiben:

Unser Problem soll zur Lösung einer anderen Aufgabe dienen, welche so formuliert ist: Wenn zwischen Zweien vereinbart ist, daß so oft wie eine 5 mit vier Würfeln geworfen wird, ein bestimmter Geldbetrag gewonnen wird, so wird gefragt nach dem Verhältnis zwischen Gewinn und Verlust, damit Gleichheit gewährleistet ist. [2, S. 74]

Die Hoffnung des Spielers, der die 5 werfen will, zu derjenigen des auf ihr Ausbleiben Wettenden gibt Leibniz mit 671 zu 625 an. Damit ist auch schon das Stichwort für die wichtigste der Leibnizschen Handschriften zum Wahrscheinlichkeitsproblem, der Studie „De incerti aestimatione" (Von der Abschätzung des Ungewissen) gefallen. Sie ist axiomatisch aufgebaut, wodurch eine bestimmte Struktur des Textes verbürgt ist, die der Einteilung in Definitionen, Axiome, Theoreme und Nutzanwendungen folgt. Leibniz definiert die Wahrscheinlichkeit als Grad der Möglichkeit. Die Gewinnmöglichkeit wird als das Verhältnis der günstigen zu der aller gleichmöglichen Fälle expliziert. Innerhalb des später von Jakob Bernoulli eingeführten Begriffs der Erwartung unterscheidet Leibniz noch Hoffnung und Furcht als die Erwartungen eines günstigen oder ungünstigen Ergebnisses. Weiter setzt er die Bestimmung des Begriffs „gerechtes Spiel" als grundlegend voraus. Sie erlaubt ihm, den Satz, daß unter gleichen Spielbedingungen die Erwartungswerte für Hoffnung und Furcht gleich sind, als Axiom einzuführen, was, wie er sagt, aus der Metaphysik zu demonstrieren sei.

Unter den Theoremen ist der Formelausdruck $S = \frac{F}{n} R$ hervorzuheben, in dem F die Anzahl der günstigen Fälle, n die Anzahl der möglichen Fälle und R den Einsatz bezeichnen. Mit dieser Formel gelingt Leibniz erstmals eine funktionale Darstellung für die Hoffnung auf einen bestimmten Betrag, die es mit einer vergleichbaren Klarheit und Konsequenz in der Literatur bis dahin nicht gab. Breiten Raum nimmt dann, gleichsam als Nutzanwendung, das Teilungsproblem ein. Aber auch knapp drei Jahre später – Leibniz' Manuskript trägt das Datum September 1678 – liefert die Untersuchung keine weiterführenden Erkenntnisse.

Die beiden von Leibniz behandelten wahrscheinlichkeitstheoretischen Aufgaben sind ursprünglich vom Chevalier de Méré, der nach Leibniz' Urteil ein Spieler und Philosoph war, an Pascal gerichtet worden. Über ihren wissenschaftlichen Gehalt stellt Leibniz fest:

Die Frage erregte Aufsehen und gab Huygens Gelegenheit, seine Abhandlung über das Würfelspiel (de Alea) zu schreiben. Andere Gelehrte ließen sich ebenfalls darauf ein. Man stellte einige Prinzipien auf, deren sich der Ratspensionär de Wit in einer kleinen in holländischer Sprache gedruckten Abhandlung über die Lebensrenten bediente. [L 1, 2, S. 513]

Mit dieser Bemerkung spricht Leibniz einen anderen Aspekt seines Interesses an wahrscheinlichkeitstheoretischen Fragestellungen an, für dessen Untersuchung die Aufforderung des Artus Gouffier Duc de Roannez, die jährliche Sterblichkeitsrate zu berechnen, wenn von 64 Menschen 36 im Verlaufe von 10 Jahren verstorben sind, zum entscheidenden Ausgangspunkt wurde. Gemeint sind die anwendungsorientierten Bereiche von Wahrscheinlichkeit und Statistik.

Im Rahmen seiner erkenntnistheoretischen Bestandsaufnahme von 1704 nennt Leibniz Rechtsprechung und Medizin, und er erwähnt die „natürliche Mathematik" der Bauern, die beim Taxen von Grundstücken das arithmetische Mittel zugrunde legen, um schließlich jene Vielfalt von Anwendungsmöglichkeiten in der Forderung nach einer neuen Logik, die die Grade der Wahrscheinlichkeit behandeln soll, methodisch handhabbar zu machen.

„Denn je aufmerksamer man ist, keine der Überlegungen zu vernachlässigen, die wir methodisch anstellen können", diktiert er bereits im Vorwort zu den „Nouveaux essais" (Neue Abhandlungen ...), „desto mehr entspricht die Praxis der Theorie" [L 1, 1, S. XXXI].

Dieser für Leibniz grundlegende Satz weist der Wahrscheinlichkeitsrechnung eine Funktion zu, die durch mathematische Fragestellungen allein nicht ausschöpfbar ist, in ihrer methodischen Bedeutung aber Leitlinien des Leibnizschen Philosophierens berührt. Das wird deutlich, sieht man sich den Kontext genauer an, in dem Leibniz die Berechnung von Sterblichkeitsraten, Lebenserwartung, Pensionen und Leibrenten ansiedelt [A IV, 3, S. 421 ff.]. Selbstverständlich setzt er bei allen diesen Erörterungen die mathematischen Ergebnisse voraus. Sie gelten ihm als theoretische Bedingung der wissenschaftlichen Verwertbarkeit der Statistiken, da sie den empirischen Daten die Gewißheit von Erfahrungsurteilen geben. Schon in seinen ersten naturphilosophischen Schriften hatte er ja auf diese Weise die Wahrheit der Phänomene begründen wollen. Als neu erweist sich jetzt der über Wahrscheinlichkeitsrechnung und damit über eine besondere mathematische Theorie vermittelte Zugriff auf gesellschaftliche Phänomene. Die „Quaestiones Calculi politici circa Hominum vitam" (Fragen eines politischen Kalküls in bezug auf das menschliche Leben) [A IV, 3, S. 487 ff.] lassen sich mit dieser Blickrichtung geradezu als Programm für eine statistische Durchmusterung menschlicher Lebensumstände lesen. Wir finden hier nicht nur Forderungen aus früheren und späteren Denkschriften sowie Akademieplänen gebündelt, mit dem „Calculus politicus" ist auch der Traditionsbezug deutlich herausgestrichen. O. B. Sheynin nennt Leibniz daher in seiner Skizze der frühen Geschichte der Wahrscheinlichkeitsrechnung neben William Petty, John Graunt, Edmund Halley und Caspar Neumann als Repräsentanten der politischen Arithmetik und demographischen Statistik [58].

In der Tat hat Leibniz bereits in der durch den Herzog von Roannez angeregten Untersuchung über die jährliche Sterblichkeitsrate auf John Graunt Bezug genommen [5, S. 7]. Von Sir William Pettys Arbeiten hat er offenbar zu Beginn der achtziger Jahre erfahren. Wie Onno Klopp mitteilt, hat Leibniz zum „Essay in the political Arithmetick" (Ausgabe von 1682) „eine Menge einzelner Bemerkungen und kleiner Aufsätze niedergeschrieben" [KW 1, 5, S. XXXVIII]. Auch der „Essay concerning the multiplication of Mankind" (1682) war ihm bekannt. Diesen nimmt er sogar zum Anlaß, um auf seine eigenen bereits zwei Jahre zurückliegenden Ergebnisse zu verweisen.

Und gleich zu Beginn der Selbstdarstellung betont er die Differenz seines Ansatzes zu dem William Pettys. Während dieser zu sehr verallgemeinere und damit die Ausgangsbedingungen zu unscharf bestimme, will Leibniz von definitiven Voraussetzungen ausgehen, indem er fordert, sich auf eine Großstadt oder ein Land zu beschränken [A IV, 3, S. 489 f.]. Hat es Petty als Begründer der modernen politischen Ökonomie und als einer der genialsten und originellsten ökonomischen Forscher unternommen, in Begriffen von Zahl, Maß und Gewicht gesellschaftliche Massenerscheinungen zu messen, für deren Entfaltung er statistische Gesetzmäßigkeiten als grundlegend ansah [44, S. 241 ff.], so erlaubt auch Leibniz' These von einer moralischen Welt in der natürlichen [L 12, 2, S. 455] die Anwendung statistischer Methoden auf gesellschaftliche Erscheinungen – eine Problemstellung, die bis heute nichts von ihrer Aktualität verloren hat. Wenn Petty dies aber durch Metaphysikverzicht leisten will, worin letztlich seine Leistung für die positiven Wissenschaften besteht, so nutzt Leibniz gerade deren Potenzen, um die Bedingungen der Möglichkeit eines solchen Verfahrens überhaupt zu prüfen.

Für Leibniz ist die Statistik oder allgemeiner die Mathematik wohl eine mögliche, ja selbst notwendige, aber deshalb längst nicht hinreichende Bedingung für Gesellschaftsanalysen. Sie ist somit keineswegs das letzte Wort hinsichtlich der Behandlung gesellschaftlicher Dynamik. Dazu bedarf es nach Leibniz nicht nur des prognostischen Potentials von Wahrscheinlichkeitsaussagen unter definitiven Bedingungen, sondern der Einbeziehung dieser Bedingungen selbst in den theoretischen Zusammenhang, d. h. einer philosophischen Theorie vom Ganzen gesellschaftlicher Zusammenhänge, die dann auch die von ihm geforderte Begründung der Anwendungsmöglichkeit der Mathematik auf wirkliche Verhältnisse zu geben vermag. Dieser Problematik werden wir im Zusammenhang mit Leibniz' Beiträgen zum Erkenntnisfortschritt in den Naturwissenschaften des 17. Jahrhunderts wiederbegegnen. Vorerst aber ist auf zwei Bereiche des Leibnizschen mathematischen Schaffens einzugehen, die in besonderer Weise verdeutlichen, daß sein Diktum, wonach wir

> die Theorien (sententiae) an ihren Früchten erkennen, ob nämlich aus irgendeiner Annahme (hypothesis) hervorragende Entdeckungen oder für das Leben Nützliches abgeleitet werden kann, und ob aus ihr Wahrheiten vorhergesagt werden können, die vorher nicht bekannt waren, [L 11, S. 220 f.]

keineswegs utilitaristisch zu verstehen ist.

Leibniz' Dyadik

Am 13. 3. 1700 unterzeichneten Jean-Paul Bignon und Bernhard Le Bovier de Fontenelle als Präsident und Sekretär für Leibniz das Aufnahmediplom der Académie des Sciences zu Paris. Der nun bereits fünfzigjährige Leibniz galt als bedeutendes Mitglied dieser Gelehrtengesellschaft und erhielt aus diesem Grunde noch im selben Jahr die Gelegenheit, für die „Histoire", einem Periodikum, in dem über den Stand der Arbeiten des jeweils vergangenen Jahres an der Akademie berichtet werden sollte, einen Beitrag einzureichen. Für sein Debüt im neuen Gelehrtenstatus wählte er ein Thema, dessen Entdeckung er allein beanspruchte und in dem ihm auch nach heutiger Kenntnis lediglich Thomas Harriot vorausging – die Dyadik.

Bereits nach zweimonatiger Arbeit konnte er die erste Fassung für den Band 1 der „Histoire", den „Essay d'une nouvelle Science des Nombres" (Abhandlung über eine neue Wissenschaft von den Zahlen) vorlegen, mit dem er, wie schon der Titel erkennen läßt, einen Beitrag zur Zahlentheorie leisten wollte. Gleich in den einführenden Sätzen des „Essay" wird dieses Anliegen genauer bestimmt. Keineswegs wolle er mit seinem binären Zahlensystem die Praxis der Rechnung mit den gewöhnlichen Zahlen außer Kraft setzen, schreibt Leibniz [L 15, S. 251]. Die neue Wissenschaft ziele auf die Vervollkommnung der Zahlentheorie in einer Weise, daß sie „so wohl der Natur der Zahlen selbst und vieler treflicher auch nüzlicher Eigenschafften so darinn verborgen; als auch des wunderbaren Vorbilds der Schöpfung, so sich darinn ergiebt", dient [L 15, S. 229]. Leibniz begreift seine Dyadik also primär als Metatheorie und weist ihr daher in der Wissenschaftswissenschaft (science des sciences), der es um die Vervollkommnung der Denkkunst (l'art de penser) zu tun ist, einen Platz an [L 15, S. 70].

Sieht man den „Essay" von 1701 unter diesem Gesichtspunkt durch, so fällt auf, daß die Zeichen 0 und 1 als Charaktere eingeführt werden. Leibniz versteht sie mithin ausdrücklich im Sinne der Ars characteristica, deren Erwartungshorizont sich auf die Dyadik überträgt. Neue Entdeckungen für die Zahlentheorie erwartet Leibniz mit der Grundlegung der Dyadik daher nicht so sehr aus ihrem besonderen und bisher nicht untersuchten Charakter als Zahlensystem neben anderen. Was ihn vielmehr interessiert, ist ihre Bedeutung für die gesamte Zahlentheorie, aus deren Perspektive drei Gruppen von Problemen seine Aufmerksamkeit erregen: Leibniz glaubte, vermittels der Dyadik allgemeine Gleichungsprobleme und hier insbesondere die diophantischen, d. h. unbestimmte Gleichungen, bei denen nur ganzzahlige Lösungen zugelassen sind, besser beherrschen zu können. Er erhoffte sich Ergebnisse hinsichtlich der Untersuchung von Primzahlen und war überzeugt, bestimmte transzendente Zahlen leichter im dualen System als mit Dezimalzahlen approximieren zu können. Während jedoch seine Ansätze zur Behandlung von Gleichungsproblemen schon in den notwendigen Vorarbeiten steckenblieben und die Primzahlstudien gar über die Mitteilung von Hoffnungen und Erwartungen kaum hinausgingen, waren die Untersuchungen im Umfeld der transzendenten Zahlen erfolgreicher. Zwar hat er auch in diesem Falle sein Ziel nicht erreicht, etwa die Zahl π durch eine unendliche Reihe zu approximieren, deren Glieder ganzzahlig und in einer allgemeinen Regel gegeben sein sollten, Leibniz machte jedoch Entdeckungen ganz anderer und völlig unerwarteter Art.

Nachdem ihm der Mathematiker Philippe Naudé, mit dem Leibniz in Berlin über die Weiterführung der Forschungen zum binären Zahlensystem gesprochen hatte, umfangreiches Tabellenmaterial in dualer Notierung zur Verfügung stellen konnte, erkannte er, daß in allen diesen Tafeln, egal ob sie die natürlichen Zahlen, die Dreierfolge, Quadratzahlen oder Kuben betrafen, die Spalten eine immer gleiche Periodik aufweisen. Sie umfaßt in der ersten Spalte (von rechts) stets zwei Ziffern, in der zweiten Spalte vier, in der dritten Spalte acht usw., die sich als eine feststehende Kombination der Charaktere 0 und 1 periodisch in den Spalten wiederholen. Für die natürlichen Zahlen liefert die Tafel 1 die Perioden:

1. Spalte (a)							0	1
2. Spalte (b)					0	0	1	1
3. Spalte (c)	0	0	0	0	1	1	1	1

Tafel 2 entnimmt man analog für die Dreierfolge:

1. Spalte (a)							0	1
2. Spalte (b)					0	1	1	0
3. Spalte (c)	0	0	1	0	1	1	0	1

Leibniz erfaßt darüber hinaus induktiv, daß die Spaltenperioden noch einmal in sich strukturiert sind, indem sie in zwei Hälften zerfallen, die sich genau dadurch ineinander überführen lassen, daß man die Charaktere 0 und 1 miteinander vertauscht. Z. B. besitzt die 3. Spalte der Dreierfolge die Periode 0 0 1 0 1 1 0 1, die in zwei Hälften zerfällt, nämlich 0 0 1 0 und 1 1 0 1. Dieses Ergebnis sah er als ein „schönes Theorem" an, das schon anzeige, in welcher Richtung die Forschung zu intensivieren sei: Gefunden werden sollte eine allgemeine Regel für die einzelnen Spaltenperioden [L 15, S. 241]. Dafür war, wie er Naudé gegenüber hervorhob, von der tabellarischen Spaltenbestimmung zu einer allgemeinen kalkülmäßigen Berechnung überzugehen, die Leibniz in ersten Ansätzen vollzog, indem er nicht mehr die natürlichen Zahlen als die adäquaten algebraischen Objekte ansah, sondern die neuentdeckten Spaltenperioden. Für diese entscheidende Innovation ist der folgende Begründungszusammenhang charakteristisch: Leibniz geht aus von den in tabellarischer Form vorliegenden Dualzahldarstellungen, aus denen sich induktiv Regelmäßigkeiten herauslesen lassen. Diese Form der Allgemeinheit ist jedoch noch keine logisch begründete. Sie wird dies erst, indem in einem logischen Kalkül Regeln ableitbar werden, die als besondere Fälle die induktiv erschlossenen unter sich subsumieren und damit die Tabellen berechenbar machen. Auf diese Weise wird die Datenfülle theoretisch fundiert. Sie erhält, um es philosophisch zu sagen, ihre verstandesmäßige und d. i. wahre Begründung.

Tafel 1

Spaltenperioden e d c b a	natürliche Zahlen
0 0 0 0 0	0
0 0 0 0 1	1
0 0 0 1 0	2
0 0 0 1 1	3
0 0 1 0 0	4
0 0 1 0 1	5
0 0 1 1 0	6
0 0 1 1 1	7
0 1 0 0 0	8
0 1 0 0 1	9
0 1 0 1 0	10
0 1 0 1 1	11
0 1 1 0 0	12
0 1 1 0 1	13
0 1 1 1 0	14
0 1 1 1 1	15
1 0 0 0 0	16
1 0 0 0 1	17
1 0 0 1 0	18
1 0 0 1 1	19
1 0 1 0 0	20
1 0 1 0 1	21
1 0 1 1 0	22
1 0 1 1 1	23
1 1 0 0 0	24
1 1 0 0 1	25
1 1 0 1 0	26
1 1 0 1 1	27
1 1 1 0 0	28
1 1 1 0 1	29
1 1 1 1 0	30
1 1 1 1 1	31

Tafel 2

Spaltenperioden f e d c b a	Dreierfolge
0 0 0 0 0 0	0
0 0 0 0 1 1	3
0 0 0 1 1 0	6
0 0 1 0 0 1	9
0 0 1 1 0 0	12
0 0 1 1 1 1	15
0 1 0 0 1 0	18
0 1 0 1 0 1	21
0 1 1 0 0 0	24
0 1 1 0 1 1	27
0 1 1 1 1 0	30
1 0 0 0 0 1	33
1 0 0 1 0 0	36
1 0 0 1 1 1	39
1 0 1 0 1 0	42
1 0 1 1 0 1	45
1 1 0 0 0 0	48
1 1 0 0 1 1	51
1 1 0 1 1 0	54
1 1 1 0 0 1	57
1 1 1 1 0 0	60
1 1 1 1 1 1	63

Leibniz kann daher mit Spaltenperioden als algebraischen Objekten operieren, wenn nur die Ankopplung an die Daten der Tabellen gesichert ist, und er tut dies, indem er verschiedene Operationen wie Addition und Multiplikation sowie deren Verknüpfungen definiert, die, angewandt auf Perioden, wieder Perioden ergeben. Als einfaches Beispiel wählt er die Ableitung der Perioden der Dreierfolge aus denen der natürlichen Zahlen. Werden die Perioden in der Folge der natürlichen Zahlen durch *a, b, c, d* bezeichnet, so läuft die Lösung des Problems auf eine Multiplikation von *d c b a* mit 1 1 (in dezimaler Notierung mit 3) hinaus. Das Produkt wird folgendermaßen berechnet:

    d c b a
  d c b a

Um diese „Addition" auszuführen, ist zunächst festzuhalten, daß $a = 0\ 1$ für die natürlichen Zahlen und für die Dreierfolge gilt. $b + a$ findet man dann auf folgende Weise:

0 0 1 1 *b*
0 1 0 1 *a*

---

0 1 1 0˙ Periode
0 0 0 1 Reserve

wobei 0 1 1 0 die Periode der 2. Spalte der neuen Folge ergibt und 0 0 0 1 als Reserve für die folgende Spalte vorbehalten bleibt, weil für 1 + 1 Null mit 1 als Reserve zu setzen ist (symbolisch durch 0˙ über der 1 wiedergegeben). Für die Berechnung der 3. Spalte ist analog zu verfahren, d. h.

0 0 0 0 1 1 1 1 *c*
0 0 1 1 0 0 1 1 *b*
0 0 0 1 0 0 0 1 Reserve

---

0 0 1 0˙ 1 1 0˙ 1˙ Periode
0 0 1 1 0 0 1 1 neue Reserve

Als neue Periode ergibt sich also 0 0 1 0 1 1 0 1. Auch hier wird durch 1˙ eine 1 als Reserve angedeutet. Nach diesem Verfahren ist nun sukzessive fortzuschreiten, und ein Vergleich der berechneten Perioden mit Tafel 2 zeigt, daß man tatsächlich die Perioden der Dreierfolge erzeugt hat. Auch der sich anschließende Versuch, die Spaltenperioden der Quadratzahlen aus denen der natürlichen Zahlen zu berechnen, führt zum Erfolg [L 15, S. 259 f.]. Das Auffinden einer allgemeinen Regel indes blieb Leibniz versagt.

Die Zahlentheorie ist allerdings keineswegs das einzige Anwendungsfeld der Dyadik. Hinsichtlich der mathematischen Disziplinen verweist Leibniz immer wieder auf die Geometrie, und weiter oben hat mit der Analogie zur Schöpfung, in der Leibniz den Ursprung aller Zahlen aus 0 und 1 als Imago creationis, als Bild der Schöpfung der Dinge aus dem Nichts und Gott verstanden wissen will, bereits ein Thema ganz anderer Art Erwähnung gefunden.

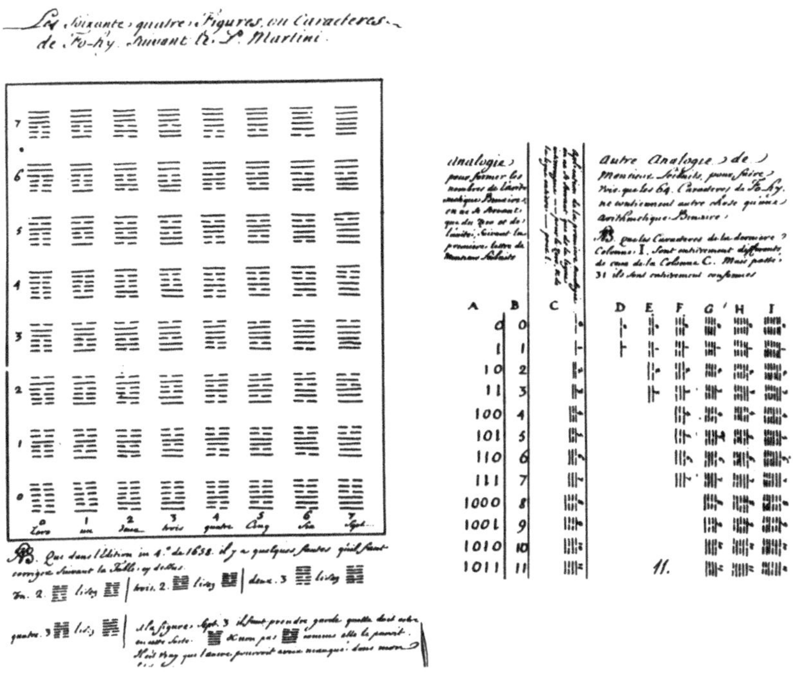

16 Zuordnung der Leibnizschen Charaktere zu den Hexametern des I Ging

Den weitaus größten Raum hinsichtlich des Verständnisses der Dyadik als einer speziellen Charakteristik nehmen jedoch die Hexagramme des I Ging (I Ching) ein. Den Anstoß dafür gab der Chinamissionar Joachim S. J. Bouvet in seinem Brief vom 4. 11. 1701, in dem er Leibniz eine Entdeckung eröffnete, die Analogie zwischen der Dyadik und dem „Text" des bis ins 8. Jahrhundert zurückreichenden altchinesischen Weisheitsbuches I Ging. Schlüsselelement dieser Entdeckung ist das FU-HSI-System der 64 Hexagramme, deren Zeichenanordnung mit der Yin-Yang-Lehre erklärt wird. Erzeugt durch den großen Uranfang, werden die beiden polaren Grundkräfte Yang ——— (das Lichte) und Yin — — (das Dunkle) zum Ausgangspunkt für eine Verdopplung, aus der die vier Bilder: das große Yang ⚌, das große Yin ⚏, das kleine Yang ⚎ und das kleine Yin ⚍ entstehen. Durch weitere Hinzufügung einer Yin- oder Yang-Linie ergeben sich acht Trigramme, die schließlich, setzt man die Dichotomie fort, zu 64 Hexagrammen erweitert werden können. Die Analogie beruht dann rein formal darauf, die Yang-Linien mit 1 und die Yin-Linien mit 0 zu identifizieren (Tafel 1). Doch ist es nicht die Identifikationsleistung, die Leibniz als Sinngebung der altchinesischen Figuren des FU-HSI zum Hauptgegenstand des in der „Histoire" gedruckten Beitrags macht. Zielpunkt seines Interesses wird vielmehr die Bouvets Mitteilung, in China sei man sich unter den Gelehrten einig, über diese Hexagramme in adäquater Weise alle wissenschaftlichen Erkenntnisse der alten Chinesen wiedererlangen zu können. Sollte es sich daher als möglich erweisen, mit einer binären Charakteristik jene Figuren in eine andere Sprache zu übersetzen, so würde man diesen Wissensschatz im Sinne seiner Philosophia perennis nicht nur heben, sondern mit Erkenntnisvorteil in die eigenen Traditionen einbeziehen können [25]. Dies war für ihn das Verlockende an dem Bouvetschen Vorschlag. Leibniz wollte keineswegs ein historisches Dokument durch einen formalen Symbolismus ersetzen. Die binäre Arithmetik befragt als Charakteristik die Inhalte des chinesischen Weisheitsbuches vielmehr nach ihren grundlegenden Gemeinsamkeiten mit der historischen und aktuellen Wissenschaft und gibt ihnen dadurch theoretische Geschlossenheit und methodologische Sicherheit [GP 7, S. 524].

An einem für die Chinamissionare wesentlichen Gegenstand hat Leibniz diesen Zusammenhang genauer ausgeführt. Er diskutiert seit 1704 vornehmlich die Analogie von Dyadik und Hexagrammen im Hinblick auf die natürliche Theologie. Um diesen Gegenstand zu erörtern, muß Leibniz auf seine Imago-creationis-Interpretation zurückgreifen und kann dann schließen, daß die Hexagramme zur Annahme von Schöpfungsvorstellungen bei den Chinesen berechtigen, die jedoch, da sie nicht geoffenbart sind, natürliche, d. h. den Menschen von Natur aus innewohnende Kenntnisse von Wahrheiten sein müssen [L 15, S. 189]. Diese Schlußfolgerungen sind beeindruckend. Leibniz geht von Überlegungen zur Zahlentheorie aus, um bei den Problemen der natürlichen Theologie anzukommen. Ebenso wie hinsichtlich der Wahrscheinlichkeitsrechnung wird der Horizont einer „Scientia generalis" weit aufgespannt, ja, es läßt sich zugleich das einen Abschnitt vorher thematisierte Anwendungsproblem weiter vertiefen. Wenn Leibniz nämlich den methodologischen Zusammenhang von Zahlentheorie und natürlicher Theologie über die Dyadik herstellt und darin eine spezielle Ausprägung der „Characteristica universalis" erblickt, dann ist es genau diese Funktion der binären Arithmetik, die den Anschluß an die „Scientia generalis" sicherstellt und damit die Wissenschaftlichkeit von Zahlentheorie und jener bei den Chinesen vorfindlichen natürlichen Theologie gleichermaßen verbürgt. Hinsichtlich der Geometrie ist diese Problematik für Leibniz in Untersuchungen zur Analysis der Lage relevant geworden.

Die Analysis situs – ein neues Geometriekonzept?

Im Dezember 1678 schreibt Leibniz in einem Brief an Gallois, er würde in der Geometrie fast nichts weiter suchen als die Kunst der Konstruktion. Deshalb würde ihm mehr und mehr einsichtig, daß die Algebra nicht der natürliche Weg sei, dies zu erreichen, so daß die Mittel dafür in einem anderen Kalkül

gefunden werden müßten, und zwar in einer geometrischen Charakteristik [GM 1, S. 183].
Die genauere Ausführung des Plans läßt nicht lange auf sich warten, und schon im nächsten Jahr wird ein umfangreiches Manuskript fertig, in dem er mit gewohnter Akribie und methodenbewußter Systematik das Thema einer „Characteristica geometrica" aufnimmt. Von der grundsätzlichen Bedeutung der Charaktere ausgehend, schlägt Leibniz den Bogen zu den Zahlen als den Charakteren der Arithmetik, über deren Vermittlung auch die Operationen der analytischen (algebraischen) Geometrie einem Calculus unterworfen werden können. Indes seien nicht alle räumlichen Beziehungen durch algebraische Charaktere unmittelbar ausdrückbar. Die Lage von Punkten etwa könne nur in charakteristischen Zahlen ermittelt werden, wenn man über eine vorherige geometrische Interpretation algebraischer Ausdrücke verfüge und somit bestimmte Elemente der Geometrie schon als bekannt vorausgesetzt hat. „Mir aber müssen die Elementa selbst per calculum herauskommen", betont Leibniz Rudolf Christian von Bodenhausen gegenüber, weil im entgegengesetzten Fall die Analyse nicht vollständig sei [GM 7, S. 355]. Noch im selben Jahr sind seine Untersuchungen soweit gediehen, daß er sich zu einer ausführlichen Mitteilung an Huygens entschließt. In der Beilage zum Brief vom 8. 9. 1679 entwickelt Leibniz seinen Kalkül als ein Verfahren, in dem Bedingungen für geometrische Örter aufzustellen sind, wobei er mit der Kongruenz nur eine einzige Relation benutzt.
Darin werden zunächst die Charaktere des Kalküls eingeführt. Die Majuskeln *A, B, C, . . .* des Alphabets sollen die Punkte der geometrischen Figuren bezeichnen, und zwar derart, daß die ersten Buchstaben *A, B, C,* die gegebenen und die letzten Buchstaben *X, Y, Z* die gesuchten Punkte als Charaktere vertreten. Für die Kongruenz führt Leibniz ein spezielles Zeichen ein (hier als ♉). In dieser Schreibweise bedeutet *ABC* ♉ *DEF*, daß zwei Dreiecke *ABC* und *DEF* entsprechend der Ordnung ihrer Punkte kongruent sind (Abb. 17). Dasselbe könne man in gewisser Weise auch von den Punkten sagen, „wobei man etwa voraussetzt, daß die drei ersten, wie die anderen 3 Punkte durch starre Linien – die gerade oder krumm sein können – verbunden sind."[L 12, 1, S. 80]. Nach der Erklärung der Charaktere wird zur Betrachtung der geometrischen Örter übergangen.

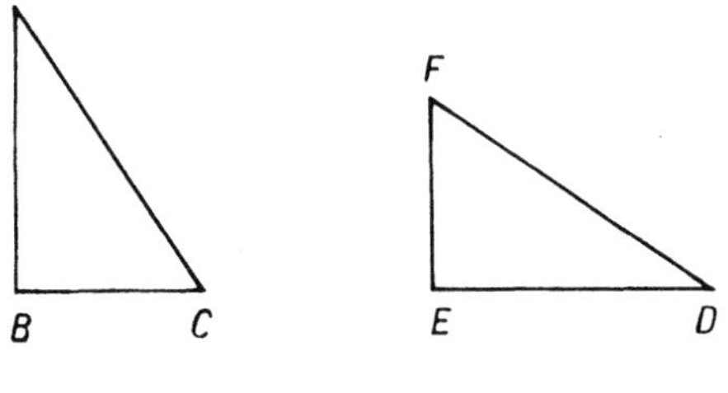

17

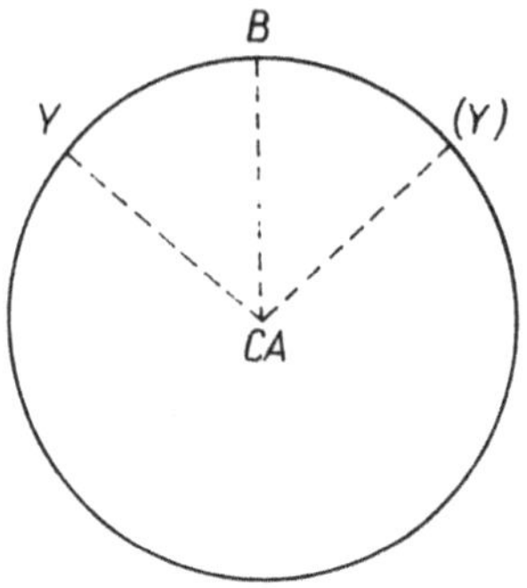

18

Gegeben sei der Punkt *A* und gesucht der geometrische Ort aller derjenigen Punkte *Y*, die mit *A* kongruent sind, indem sie die Bedingung *A* ♉ *(Y)* erfüllen. Das wird, wie Leibniz ausführt, der unendliche Raum sein, da zwischen allen Punkten nicht nur Kongruenz, sondern zugleich Ähnlichkeit und Gleichheit besteht [L 11, S. 263]. Für den geometrischen Ort der Kugeloberfläche gibt Leibniz die Bedingung *AY* ♉ *A(Y)* an, die den Mittelpunkt *A* besitzt und aufgrund ihres konstanten Radius auch in Ausdrücken wie *AB* ♉ *AY* oder *CB* ♉ *AY* erfaßbar ist (Abb. 18). Leibniz schließt dann die Darstellung weiterer geometrischer Örter an, wobei er auch Schnitte betrachtet, um, wie er sagt, den Nutzen für die Beweisführung zu veranschaulichen. So läßt sich das Resultat des Durchschnitts zweier Kugeloberflächen, die Kreislinie, in seinem Kalkül durch folgende Überlegungen einführen: Da der Ausdruck des Kreises mit *ABC* ♉ *ABY* gegeben ist, gelten auch die Relationen *AC* ♉ *AY* und *BC* ♉ *BY*. Die Orte aber, die diesen Kongruenzen entsprechen, sind Darstellungen von Kugeloberflächen im Kalkül der geometrischen Charakteristik, deren Mittelpunkte *A* und *B* sind (die Radien entsprechend *AC* und *BC*) (Abb. 19).

Auch die Bestimmung des Durchschnitts einer Kugeloberfläche und einer Ebene wird erwogen, wofür zunächst einmal nur die Ausdrücke für die Kugeloberfläche *AC* ♉ *AY* und die Ebene *AY* ♉ *BY* hingeschrieben werden müssen. Mit der Identifikation von *C* als speziellen *Y*-Punkt kann man zusätzlich über die Kongruenz *AC* ♉ *BC* verfügen, aus der zusammen mit den Ausdrücken für die Kugeloberfläche und Ebene die Relation *BC* ♉ *BY* folgt.

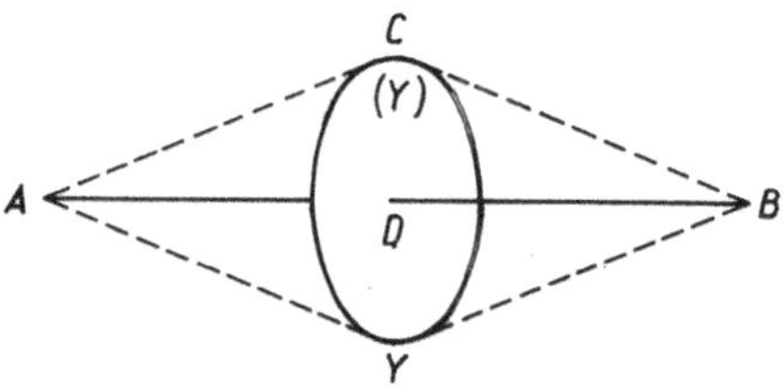

19

Nun muß man nur noch die in Frage kommenden Konsequenzen zusammenfassen, d. h. *AB* ɤ *AB*, *BC* ɤ *BY*, *AC* ɤ *AY*, und es ergibt sich *ABC* ɤ *ABY* als Durchschnitt der Kugeloberfläche mit einer Ebene. Übrigens ist es der Kreis, an dem Leibniz gern den Vorzug seines Kalküls gegenüber der traditionellen geometrischen Darstellung demonstriert, weil der Ausdruck *ABC* ɤ *ABY* weder auf eine vorherige geometrische Definition der Ebene noch auf die der Geraden Bezug nehmen muß [L 12, 1, S. 81].
Trotz der gerarадezu genialen Einfachheit der Leibnizschen Analysis situs fiel Huygens' Urteil eher ernüchternd aus. Hinsichtlich der Exempel über geometrische Örter konstatiert Huygens längst bekannte Wahrheiten, wobei er die Ableitung der Kreislinie als Durchschnitt von Kugeloberfläche und Ebene schlicht als obskur bezeichnet. Schließlich könne man nicht sehen, meint er, worauf dieser Kalkül überhaupt anwendbar sei, auf Quadraturen, irrationale Wurzeln und Tangentenprobleme doch wohl nicht [GM 2, S. 27 f.]. Wir bemerken hier eine Parallelität zu der Diskussion um das binäre Zahlensystem. Wie später auch Fontenelle [L 15, S. 66], verlangt Huygens handfeste mathematische Ergebnisse von einer geometrischen Charakteristik, deren Hauptanliegen eigentlich ein anderes, nämlich metatheoretisches ist. Nicht zufällig findet die Analysis situs daher in den Präambeln zur Dyadik häufig Erwähnung. Doch war eben auch das Anliegen der mathematischen Fachwelt seiner Zeit zu respektieren, wollte Leibniz angesichts der von ihm so reichlich in Aussicht gestellten möglichen wissenschaftlichen Ergebnisse vor ihrem Urteil bestehen. Und anders war letztlich die Notwendigkeit einer geometrischen Charakteristik ja auch nicht einsehbar. So bemerkt Leibniz gegenüber l'Hospital unmittelbar nach dem berühmten Satz: „Ma metapysique est toute mathematique" (Meine Metaphysik ist ganz mathematisch) – übrigens ein Satz, der erst ergänzt um die Umkehrung die Leibnizsche Intension ganz trifft –, er wage nicht, sein Projekt einer Characteristica situs zu veröffentlichen, weil sie ohne überzeugende Beispiele als Phantasie übergangen werden könnte [GM 2, S. 258].
Im Gegensatz zum mathematischen Bewußtsein der Leibniz-Zeit hat jedoch gerade die Analysis situs im 19. Jahrhundert eine wahre Renaissance erlebt. Die Vereinnahmung Leibnizscher Ideen für die Topologie und der 1844 von der Fürstlich Jablonowskischen Gesellschaft der Wissenschaften ausgesetzte Preis, den Hermann Graßmann mit seinem Beitrag „Geometrische Analyse geknüpft an die von Leibniz erfundene Geometrische Charakteristik" gewann, haben die mathematischen Gemüter bis ins 20. Jahrhundert hinein beschäftigt [15; 38]. Die historische Forschung beurteilt diesen Zusammenhang heute indes wesentlich differenzierter. Ohne Zweifel hat Leibniz Lagebeziehungen in neuer Weise zum Gegenstand geometrischer Untersuchungen gemacht, jedoch in einem Kontext, der durch die Prinzipien seiner „Characteristica universalis" definitiv umrissen war, und das bedeutete für ihn vor allem, ohne den Begriff der Größe auszukommen bzw. die Bedingungen der Möglichkeit

seiner Einführung wissenschaftstheoretisch zu hinterfragen und kalkülmäßig verfügbar zu machen [L 12, 1, S. 69]. Das aber ist genau die Problematik seines Kalküls als eines geometrischen. Leibniz basiert ihn auf den Begriff der Kongruenz, der jedoch als geometrischer nur innerhalb einer metrischen Geometrie sinnvoll ist, die deshalb auf den Größenbegriff gerade nicht verzichten kann. In diesem Punkt unterscheidet sich Leibniz' Ansatz auch grundsätzlich von Graßmanns Ausdehnungslehre [15, S. 272]. Soll daher seine Charakteristik eine im Sinne der Mathematik geometrische sein, so ist sie keine Charakteristik. Ist sie aber eine Charakteristik, so ist sie nicht geometrisch. Für diesen Widerspruch findet Leibniz keine Bewegungsform, und es ist daher zu fragen, in welcher Weise diese Antinomie das Grundanliegen der geometrischen Charakteristik überhaupt erfaßt. Um die Problemstellung genauer zu bestimmen, sind die Erwartungen ernst zu nehmen, die Leibniz hinsichtlich der Mechanik und der gesamten Naturlehre an seinen Kalkül knüpft. Es ist also insbesondere seine definitive Feststellung zu beachten:

> Schließlich habe ich keine Hoffnung, daß man es in der Physik sehr weit bringen kann, bevor man nicht ein derartiges Mittel zur Entlastung der Einbildungskraft besitzt. [L 12, 1, S. 78]

Mit dieser Bemerkung ist man jedoch schon mitten in den physikalischen und erkenntnistheoretischen Debatten des 17. Jahrhunderts.

An der Schwelle zur modernen Naturforschung

Als der hannoversche Rat und Bibliothekar Leibniz sich am 4. Oktober 1676 von Paris aus auf die Reise in die Residenz Johann Friedrichs begab, führte ihn der Weg nicht direkt auf dem Lande nach Hannover, sondern über Calais und Dover zunächst nach London, dem Ausgangspunkt einer Reihe bleibender wissenschaftlicher und persönlicher Erlebnisse.

20 Das Leibniz-Haus in Hannover

Die Wahl der Reiseroute ist nur zu verständlich, bedenkt man, daß sich damit für ihn nach der Erfindung des Calculus die einmalige Chance ergab, über dieses Thema mit der Londoner Mathematikerelite persönlich ins Gespräch zu kommen. Seine Hoffnung indes, vielleicht Newton oder Wallis dort anzutreffen, blieb unerfüllt, doch gewährte ihm der Bibliothekar der Royal Society, Collins, Einsicht in Schriften aus der Feder Gregorys und Newtons, die Leibniz teilweise exzerpierte. Diese Studien waren für ihn beruhigend und anregend zugleich. Er hatte nun die Gewißheit, daß sich seine Differentialmethode von der Newtonschen unterschied, und mit sicherem Blick erkannte er die Reihenlehre als jene Domäne, die in England das Niveau der mathematischen Diskussion bestimmte. Hier hoffte Leibniz zukünftig anknüpfen zu können, um in einen fruchtbaren Dialog mit der Royal Society zu kommen. Da er schließlich sogar Oldenburgs Erwartung mit einem Modell seiner Rechenmaschine in gleicher Weise gerecht wurde, wie er Collins durch mathematische Sachkenntnis beeindruckte, verabschiedete sich Leibniz zufrieden und nicht ohne Vertrauen in die künftige Zusammenarbeit von der Insel.

Die Überfahrt nach Holland erfolgte mit der Yacht des Prinzen Rupert von der Pfalz, die aufgrund ihres Auftrags – sie sollte in Deutschland Wein laden – einige Gewähr für baldiges Auslaufen bot. Es sollte anders kommen, da der Kapitän, wie Leibniz an Johann Carl Kahm berichtet, neben den Geschäften des Prinzen auch die eigenen mit Eifer betrieb [A I, 2, S. 3]. Die Abreise verzögerte sich um vier Tage. Weitere sechs Tage wird das Schiff durch schwere Stürme an der Themsemündung festgehalten, die Leibniz' Gelassenheit auf eine harte Probe stellen. In der Situation dieses „verdrießlichen zeit verlusts" entsteht sein „Pacidius Philalethi prima de motu philosophia" (Pacidius an Philalethe über die Grundphilosophie der Bewegung), ein in Briefform abgefaßter glänzender Dialog, für den man, um ihn in Sprache und Inhalt ganz zu erschließen, die Umstände seiner Entstehung mitdenken muß, über die auch ein Stück Lebenshaltung und philosophische Wirklichkeitsbewältigung des Verfassers transportiert werden.

Der Dialog „Pacidius Philalethi"

Seiner Anlage und Methode nach gleicht er dem bereits erwähnten Dialog über die Rechenkunst. Dieselbe Begeisterung für die sokratisch-platonische Form der philosophischen Lehre spricht aus den schließlich zu einer Sinfonie verschmelzenden Streit- und Verständigungsgesprächen der Dialogpartner. Kein Wunder, wenn Leibniz unter dem Pseudonym des Friedensstifters Pacidius auftritt – ein unter den nachgelassenen Manuskripten des öfteren zu findender Name für seine Person, der auch als Pseudonym für die an einer Enzyklopädie der Wissenschaften gemeinsam arbeitenden Autoren gedacht war.

Den Gegenstand der Dialoge mit den fiktiven Kommunikationspartnern bildet das Problem der Bewegung. Leibniz nimmt darin Gelegenheit, sich über die Bedeutung seiner Infinitesimalmathematik für die Naturphilosophie Rechenschaft abzulegen. In der ganzen, erstmals von Gerhardt 1888 veröffentlichten Abhandlung wird dies nicht klarer ausgesprochen als in dem Resümee des Charinus, der als Soldat nur an sinnliche Dinge gewöhnt war und gegen Ende des Gesprächs einen völlig neuen Erkenntnishorizont besitzt. Zwar habe er vor dieser Zusammenkunft, wie er meint, bei weitem etwas anderes erwartet, nämlich die Gesetze der Bewegung und die Prinzipien der mechanischen Kräfte, doch nur deshalb, weil er die tiefer liegenden Zusammenhänge nicht kannte. Sein Credo lautet daher:

Nun möchte ich aber dies alles nicht mit Algebra oder Mechanik vertauschen, und ich würde mich nicht weigern, das ganze Jahr hindurch ein Schüler der Metaphysik zu sein, wenn Pacidius Fragen stellt; denn sosehr hat er mir sowohl durch die Kunst seiner Darstellung als auch durch die Größe der Gegenstände selbst den Abscheu vor der Metaphysik genommen. [L 11, S. 164]

Nicht um das sinnliche Dasein der Bewegung also geht es in diesem Dialog und auch nicht um ihre mathematische Explikation. Leibniz will das philosophische Wesen der Bewegung ergründen, um das Auffinden wahrer und im Experiment konstatierbarer Gesetze überhaupt erst möglich zu machen. Anders ausgedrückt, bemüht sich Leibniz um eine Wissenschaft von der Bewegung, die es vermag, die philosophische Theorie mit der naturwissenschaftlichen Praxis zu verbinden [L 11, S. 106]. Fünf Jahre nach der „Theoria motus abstracti" stellt er also erneut die Frage nach der Denkbarkeit der Bewegung mit dem Ziel, sie physikalisch praktikabel zu machen. Und wie schon 1671 wird der Zugang über das Kontinuumproblem gesucht.

Bereits die ersten Fragen an Charinus lassen darüber keinen Zweifel. Hatte Leibniz in Mainz noch die Stetigkeit der Bewegung vom Punktbegriff her gedacht, der den Conatus zur philosophischen Schlüsselkategorie seiner Bewegungslehre avancieren ließ, so unterscheidet er im Rückgriff auf Aristoteles nun strikt das Angrenzende (contiguum) vom Zusammenhängenden oder Kontinuierlichen (continuum). Zusammenhängend heißen solche Dinge, deren Grenzen eins sind, und angrenzend diejenigen, deren Grenzen zusammenfallen [L 11, S. 116 f.]. Schon in diesen Anfangsbestimmungen schlagen sich die Pariser Studien zur Infinitesimalmathematik nieder. Leibniz hatte sich im Zuge ihrer Ausbildung gezwungen gesehen, das Transzendente in die Mathematik einzuführen, und damit das Kontinuum im eigentlichen Sinne erst zu einem mathematischen Objekt gemacht. Euklid wie Descartes kommen noch mit algebraischen Zahlen aus, nicht aber Leibniz. Bei ihm wird das Kontinuum zu einem Grundbegriff, der sich gerade nicht aus Punkten aufbauen läßt, weil das Ganze seinen Teilen, seien es nun Punkte oder infinitesimale Größen, vorausgeht. Es bleibt ihm daher nichts anderes übrig, als die Punkte selbst aus einem Teilungsprozeß hervorgehen zu lassen, so daß das

Kontinuum die möglichen Teilungen bezeichnet. Nachdem Charinus dies festgestellt hat, fügt er hinzu:

> Niemals aber geschehen alle Teilungen, die geschehen können, und die Anzahl der möglichen Teilungen ist nicht größer als die Anzahl der möglichen Wesen, die mit der Anzahl aller Zahlen zusammenfällt. [L 11, S. 141]

Aufgrund der Unausschöpfbarkeit des Kontinuums durch Teilungsprozesse enthält Leibniz' Konzept die Vorstellung von etwas Fließendem, das die Bewegung zu denken erlaubt, ohne auf das Feststellen definitiver Raum-Zeit-Punkte verzichten zu müssen. Seine Auffassung vom Kontinuum steht damit in einem bemerkenswerten Gegensatz zur Dedekind-Cantorschen Theorie, die auf dem Gedanken seiner Zusammensetzung aus Punkten als letzten Bestandteilen beruht. Diese Theorie behandelt – mit Leibniz gesprochen – das Kontinuum nicht in metaphysischer Strenge, da ein als Menge reeller Zahlen interpretierbares Kontinuum nicht Kontinuitäten, sondern Diskontinuierliches zum Gegenstand hat. Das Wort Kontinuum hat daher in der Mathematik von heute eine gänzlich andere Bedeutung [11, S. 324]. Leibniz indessen hatte schon in der „Theoria motus abstracti" mit dem Conatus den Gedanken eines fließenden Übergehens eingebracht, der nun freilich in einem völlig anderen mathematischen Kontext steht.

Doch betrachtet er 1676 ebenso wie fünf Jahre vorher seine mathematische Theorie als Schlüssel für die Auszeichnung der sinnlich wahrnehmbaren Bewegungen als wahre, wenn er Pacidius sagen läßt:

> Es gibt keinen Teil der Materie, der nicht wirklich in mehrere Teile geteilt ist; daher ist kein Körper so klein, daß in ihm nicht eine Welt unendlicher Geschöpfe enthalten ist. Ähnlich gibt es auch keinen Teil der Zeit, in dem nicht irgendeinem Teil oder irgendeinem Punkt eines Körpers irgendeine Veränderung oder Bewegung geschieht. Es dauert daher keine Bewegung gleichbleibend durch einen beliebig kleinen Raum- oder Zeitabstand. Daher werden wie der Körper so auch Raum und Zeit wirklich bis ins Unendliche unterteilt sein. Und es gibt keinen Augenblick in der Zeit, der nicht wirklich bezeichnet ist oder in dem nicht irgendeine Veränderung geschieht, d. h. der nicht das Ende eines alten und der Beginn eines neuen Zustandes in irgendeinem Körper ist. Auf keinen Fall aber ist anzunehmen, daß der Körper oder der Raum in Punkte oder die Zeit in Augenblicke aufgeteilt ist, weil das Unteilbare nicht Teil, sondern Grenze eines Teiles ist. Deshalb ist alles zwar aufgeteilt, aber nicht bis zu allerkleinsten Teilchen aufgelöst. [L 11, S. 158 f.]

Die Ablehnung des Atomismus als Substanz im philosophischen Sinne ist hier deutlich ausgesprochen. Sie schließt jedoch seine physikalische Möglichkeit nicht aus, da die Materie ja partiell wirklich geteilt ist. Leibniz kann mit dieser Position die Ausmeßbarkeit von Raum, Zeit, Materie und Bewegung postulieren, ohne ihr philosophisches Wesen in deren Größencharakter zu verlagern, er kann also die im Experiment festgestellten Bewegungsgesetze prinzipiell als wahr anerkennen, wenn sie im Rahmen einer philosophischen Theorie vom Weltganzen als notwendig begründet sind. Diese aber ist während seiner Überfahrt nach Holland erst im Entstehen. Leibniz erläutert daher den Titel seines Dialogs mit den Worten:

Es wird hier die Natur der Veränderung und des Stetigen betrachtet, insofern diese der Bewegung inne sind. Es bleibt noch zu behandeln: erstens das Subjekt der Bewegung, damit klar wird, welchem von zwei Dingen, die ihre Lage zueinander ändern, Bewegung zuzuschreiben ist; zweitens aber die Ursache der Bewegung oder die bewegende Kraft. [L 11, S. 102]

Im ersten Hannoveraner Dezennium wird er diese Bewegungslehre in ihren Grundstrukturen ausgearbeitet haben. Am 12. 11. 1676 aber trifft Leibniz erst einmal in Rotterdam ein. Einen Tag später schon ist er in Amsterdam, wo er den für seine Untersuchungen an Insekten bekannten Mikroskopiker Jan Swammerdam kennenlernt, die Bekanntschaft des Arztes Georg Hermann Schuller macht und mit dem Bürgermeister Johann Hudde mathematische Probleme diskutiert. Völlig unerwartet entdeckte Leibniz dabei, daß Hudde die auf Mercator zurückgehende Quadratur der Hyperbel bereits 1662 kannte und darüber hinaus Sluses Tangentenmethode lange vor diesem und weit vollständiger beherrschte. Eine Rundreise über Haarlem, Leiden, Delft und Den Haag bringt ihm die Bekanntschaft Antonie van Leeuwenhoeks, der ihm eine mikroskopische Welt erschließt, die Pacidius' Meditationen über eine unendliche Welt von Geschöpfen in jedem Körper unter dem Mikroskop sichtbar werden lassen. Zum absoluten Höhepunkt der Reise aber wird das Zusammentreffen mit Spinoza.

Bei Oldenburg in London schon hatte sich Leibniz darauf vorbereitet, indem er die Abschriften mehrerer Spinoza-Briefe erwarb, und genau gelesen ist der Dialog „Pacidius Philaleti“ nicht allein als Brückenschlag zwischen der Mathematik und der Philosophie interessant. Wenn Theophilus nämlich im Schlußakkord fordert:

Es mögen daher die Frommen und im Eifer um den Ruhm Gottes entbrannten Männer aufhören, etwas von der Vernunft zu fürchten; sie mögen sich nur Mühe geben, die rechte Vernunft zu erlangen. Je mehr sie diese rechte Vernunft besitzen ... desto mehr werden sie die göttliche Macht und Güte erkennen und verstehen, daß die rechte Vernunft weder der Offenbarung noch den sogenannten Wundern und Mysterien widerspricht, weil gezeigt werden kann, daß bestimmte wirkliche Wunder täglich in der Natur vorkommen, [L 11, S. 165]

so konnte ihm diese Konsequenz seiner naturphilosophischen Meditationen jedenfalls die Türen zu Spinoza öffnen, der nur von den gewöhnlichen Vorurteilen der Theologen freie Gesprächspartner akzeptierte. Leibniz wußte, daß diese Haltung keine äußerliche war, daß sie vielmehr der Wahrhaftigkeit des Lebens und der Philosophie Spinozas einen besonderen Ausdruck gab, was ihn umso mehr faszinierte, als er ja selbst Mathematik und Naturwissenschaft, natürliche Theologie und Ethik, ja Historiographie und Politik als Gestalten der gleichen einheitlichen Vernunft begreifen wollte. Doch was konnte er diesbezüglich bei Spinoza finden?

Zunächst war er über das Grundsätzliche der spinozistischen Descartes-Kritik schon durch die Pariser Gespräche mit Tschirnhaus orientiert. Leibniz wußte also, daß Spinoza in der gleichen Richtung suchte wie er selbst, indem er die Metaphysik von einem neuen Substanzbegriff her aufbauen wollte. So sollten die zeitgenössischen Wissenschaften integriert werden und der Mensch wieder mit einer einheitlichen Weltanschauung leben können. Was aber war dann an die Stelle des cartesischen Substanzdualismus zu setzen, und konnte vielleicht Spinoza weiterhelfen?

Die Gespräche, die Leibniz mit Spinoza führte, waren lang und intensiv. Sie berührten neben der Bewegungslehre Fragen einer „Charakteristica universalis", das Gottesproblem und die „Ethik", die Leibniz zwar selektiv kannte, doch vollständig erst mit den kurz nach dem Tode Spinozas gedruckten „Opera posthuma" in die Hand bekam. Hier finden sich dann auch die befreienden Marginalien seiner Kritik an einem philosophischen Körperbegriff, der in den Körpern nichts als ruhende Massen sehen will. In dieser wichtigen Einsicht erkennt er Spinoza als Verbündeten. Die Philosophie des berüchtigten Atheisten ist ihm also wichtig auf dem Wege zu seiner eigenen Lösung des Substanzproblems, und doch ist damit, um im Bilde zu bleiben, erst ein Teil der Wegstrecke bewältigt. Was auf dem ausstehenden Teil noch kritisch zu verarbeiten bleibt, hält er in einem für Gallois bestimmten Brief folgendermaßen fest:

> Seine Metaphysik ist seltsam und voller Paradoxien. Unter anderem glaubt er, daß Gott und die Natur ihrer Substanz nach dasselbe sind, daß Gott die Substanz aller Dinge ist und daß die Geschöpfe nur Modi oder Akzidenzien sind. [GM 1, S. 179]

Diese Konsequenzen des spinozistischen Causa-sui-Konzepts, d. h. der Auffassung, daß die Substanz Ursache ihrer selbst sei, mußte Leibniz nicht allein aus theologischer Sicht fragwürdig erscheinen. War nämlich der Körper nur als Modus der unendlichen Substanz anzusehen und besaß er folglich keine eigenständige substantielle Realität, so hatte Spinoza zwar das Materielle nicht an eine bestimmte Strukturform der Materie gebunden, umgekehrt aber diese auch nicht zu einem eigenständigen wissenschaftlichen Erkenntnisgegenstand gemacht. Doch nur unter dieser Voraussetzung, d. h. unter der Bedingung, daß Körper und Bewegung sich in den Wesensmerkmalen der Substanz nicht erschöpfen, läßt sich sinnvoll Naturwissenschaft treiben. Leibniz' Bedürfnis, den Zusammenhang gerade dieser Wissenschaften mit der Philosophie zu verstehen, muß daher in grundsätzlichen Fragen von Spinozas Metaphysik unbefriedigt bleiben, insbesondere kann er dessen Substanzbegriff nicht übernehmen.

Mit dieser geistigen Erbschaft begibt sich Leibniz nach Hannover.

Dynamik und Metaphysik

In der Residenz des Herzogs von Braunschweig-Lüneburg angekommen, wird Leibniz mit den Verhältnissen eines kleinen deutschen Hofes und Staatswesens konfrontiert, die ihm eine Integration nicht gerade leicht machen. Seine

Bemühungen um die Ernennung zum Hofrat, die Einführung als Richter in die Justizkanzlei, nicht zuletzt die Erhöhung des jährlichen Einkommens von 400 auf 600 Taler und selbst das Wachen über die gebührende Achtung seines Ranges bei Hofe erfordern in den ersten Wochen und Monaten seine ständige Aufmerksamkeit. Er wäre jedoch nicht Leibniz, hätte er nicht auch in dieser Situation zu seiner Initiative gefunden. Schnell erkennt er, daß die Sicherung seiner Zukunft in Hannover eines Fundaments bedarf, das ihm mit der Erhöhung seiner Stellung und der Einkünfte auch höfische Reputation verschaffen kann.

Johann Friedrich, als ein den Wissenschaften und Künsten gegenüber aufgeschlossener Fürst, ist auch Reformvorschlägen hinsichtlich der Staatsverwaltung, Denkschriften zum Archiv- und Gerichtswesen oder zur Verbesserung der Landwirtschaft zugänglich. Hier findet Leibniz ein weites Betätigungsfeld, das immer wieder neue Projekte entstehen läßt, mit denen er nicht zuletzt auch seine eigenen Lebensverhältnisse fundieren will. So schlägt er dem Herzog vor, das Amt eines Generalarchivdirektors zu schaffen. Leibniz möchte gern die Verwaltung der eingezogenen Kirchengüter selbst übernehmen, und er entwickelt einen Plan, die 3310 Bände und 158 Handschriften des herzoglichen Bibliotheksbestandes zu einer Sammlung zu erweitern, in der in einer wohlerwogenen Auswahl alle Wissensgebiete präsent sind. Die erste Gelegenheit dazu bietet sich mit dem Ankauf der Bibliothek des Jungius-Schülers Martin Fogel, die nach Leibniz eine der erlesensten in ganz Deutschland ist und die Bestände Johann Friedrichs hinsichtlich der Physik, der Medizin und der Ökonomie komplettiert. Der kühnste Vorschlag in dieser Hinsicht aber ist die Einrichtung eines Direktorats für das gesamte Maschinen- und Anlagenwesen im Harz, dem großen Wirtschaftsfaktor des welfischen Staates. Den Nutzen dieser Einrichtung wollte Leibniz demonstrieren, indem er sich selbst verpflichtete, auf eigene Kosten eine Kombination von Wasser- und Windkünsten zur Beseitigung des Grubenwassers in den Harzer Erzbergwerken zu errichten, deren erfolgreicher Probelauf ihm eine jährliche Dividende von 1200 Reichstalern einbringen sollte. Das Ziel dieses Vorhabens war es, die Förderbedingungen für die Harzer Gruben durch neue wissenschaftlich-technische Lösungen so zu verbessern, daß der ökonomische Effekt nicht ein singuläres Ereignis blieb, sondern durch die Anwendung der Wissenschaften sich dauerhaft gestalten konnte. Leibniz regt daher nicht nur an, einen Teil des zu erwartenden Profits für Forschungszwecke zu verwenden, dies sollte vielmehr im institutionalisierten Rahmen einer noch zu schaffenden Akademie geschehen, für die er selbst den Erlös des mit dem Harzprojekt angestrebten Privilegs einsetzen wollte.

Dem gleichen gedanklichen Kontext entspringt die Wiederaufnahme seines mit Boineburg diskutierten Projekts der „Demonstrationes Catholicae" (Katholische Beweise), das die Grundlage für eine Aussöhnung von Protestanten und Katholiken bieten wollte. Die Frage der Reunion der christlichen

Kirchen wird im folgenden ein ihn lebenslang bewegendes Thema, über das er im Februar 1679 einen Gedankenaustausch mit Jacques-Bénigne Bossuet, dem katholischen Hauptführer der Reunionsgespräche beginnt. Die „Demonstrationes Catholicae" selbst waren von ihm in drei Teilen konzipiert. Der erste Teil sollte den Gottesbeweis und die natürliche Theologie umfassen, der zweite die geoffenbarte Theologie, während der dritte der Beziehung zwischen Staat und Kirche gewidmet sein sollte. Auch hierfür sah Leibniz eine philosophische Einleitung vor, in der er über die universelle Charakteristik den Bogen bis zu seinem Akademiegedanken spannte.

Der große Elan, mit dem sich Leibniz gerade den beiden letztgenannten Themen widmete, wird durch den Tod Johann Friedrichs am 26. Dezember 1679 schnell gedämpft. Der neue Herzog Ernst August bestätigt zwar Leibniz in seinem Amt, besitzt aber wenig Interesse für die theoretischen Belange wissenschaftlicher Disziplinen. In den Memoranden, die Leibniz auch weiterhin zahlreich aus der Feder fließen, finden die „Characteristica universalis" und das Akademieprojekt nun kaum noch Erwähnung. Und hatte sich Johann Friedrich den Ausbau seiner Bibliothek im Verlaufe von drei Jahren 4500 Taler kosten lassen, so beliefen sich die Ausgaben Ernst Augusts in sieben Jahren auf 700 Taler. Dem Bruder Johann Friedrichs lagen Macht und Ansehen seines Hauses zweifellos mehr am Herzen als Wissenschaft und Künste. Dies ließ zwar manchen ehrgeizigen Plan scheitern, erschloß Leibniz aber durchaus auch neue Möglichkeiten, denn aus politischen Gründen war Ernst August ebenfalls an der Reunion der Kirchen interessiert. Leibniz' Aktivitäten in dieser Hinsicht sind also weiterhin gefragt. Sie konzentrieren sich vor allem auf die umfangreiche Korrespondenz mit dem Landgrafen Ernst von Hessen-Rheinfels und auf Cristobal de Rojas y Spinola, der 1683 zu Reunionsgesprächen in Hannover weilte. Dabei prägen sich bei dem für seine Konzilianz bekannten Leibniz Charakterzüge aus, die ihn in aufrichtiger Konsequenz den Standpunkt der Philosophie auch in Glaubensangelegenheiten verfechten lassen. Die Aufforderung des Landgrafen Ernst, zum katholischen Glauben überzutreten, pariert Leibniz nicht mit einem Verweis auf theologische Dogmen, sondern mit dem Argument, man könne nicht ein gläubiger Christ in der katholischen Kirche sein, wenn man sich nicht auch in außerreligiösen Dingen zu dieser Gemeinschaft bekenne. Dies aber sei ihm unmöglich, wenn fundamentale Erkenntnisse der Philosophie und der Wissenschaften von eben dieser Kirche negiert werden, obwohl deren Wahrheit, wie im Falle des copernicanischen Systems beweisbar sei [A I, 4, S. 320]. Hier schlägt sich Leibniz' Vernunftanspruch auch in Glaubensangelegenheiten nieder, über den er eine feste Haltung hinsichtlich der geoffenbarten Religion gewinnt, indem er gleichzeitig den Parteienkampf in den Ideologien seiner Zeit überhaupt theoretisch hinterfragt.

Das Harzprojekt wird ebenfalls weiter vorangetrieben. Ernst August entscheidet sogar, die vertraglich festgesetzte Probe mit drei Windmühlen auszufüh-

ren und die Kosten zu je einem Drittel auf Leibniz, die Clausthaler Gewerke und seine eigene Person zu verteilen. Zwischen 1680 und 1686 hat Leibniz 31 Reisen in den Harz unternommen und dort insgesamt 165 Wochen zugebracht. Dennoch werden die Versuche 1685 eingestellt. Die Ursachen dafür waren komplexer Natur. Letztlich scheiterte das Vorhaben wohl daran, daß es nicht gelang, neue technische Prinziplösungen und bergbautechnische Erfahrungen im Interesse einer verbesserten technologischen Entwicklung zusammenzuführen. Die von Leibniz erhobene Forderung, theoria cum praxi zu verbinden, ist daher nicht nur Quintessenz eines auf den Progressus von Wissenschaft und Technik orientierten Gesellschaftskonzepts, sie hat zugleich eine ganz eigene, persönliche Dimension [21; 35].
Doch kommen jetzt auch neue Aufgaben hinzu. Am 10. August 1685 erhält Leibniz den Auftrag, die Geschichte des Welfenhauses bis zur Gegenwart zu schreiben. Von nun an ist er häufiger auf Reisen, um nach Zeugnissen und alten Überlieferungen zu suchen, mit denen die Geschichte und die Rechtsansprüche des Hauses Braunschweig-Lüneburg zu dokumentieren sind. Der Herzog vergütet ihm diese Arbeit mit dem Hofratstitel auf Lebenszeit und der Umwandlung seines Gehalts in eine „pension ad vitam". Ferner hat Leibniz nun einen Schreiber zu seiner Verfügung, und er wird von der lästigen Justizarbeit befreit.
Den wissenschaftlichen Gesamtertrag seiner ersten zehn Jahre in Hannover bringt Leibniz mit einer Schrift ein, die er im Verlaufe weniger Tage verfaßt hat, dem „Discours de metaphysique" (Metaphysische Abhandlung).
Die Zielrichtung dieser Schrift ist schon im Titel erkennbar. Descartes hatte 1637 seinen „Discours de la méthode" veröffentlicht. Er enthielt im Anhang die Abhandlungen über Dioptrik, die Lehre von den Meteoren und die Geometrie, die er ausdrücklich als Ergebnisse seiner im „Discours" dargelegten Forschungsmethode verstanden wissen wollte. Doch schon in Paris war Leibniz auf die Grenzen der cartesischen Geometrie gestoßen, und er hatte 1682 in den Acta Eruditorum einen Artikel über Katoptrik und Dioptrik publiziert (s. u.), in dem er sich nicht minder bestimmt von Descartes abgrenzte. Descartes' Methode, die, wie der Untertitel seines „Discours" ausweist, einen Leitfaden für die Wahrheitssuche in den Wissenschaften geben wollte, hielt offenbar nicht, was sie versprach.
Als Leibniz 1686 schließlich daran ging, seinen Standpunkt grundsätzlich und das hieß für ihn metaphysisch, eben in einem „Discours de metaphysique" zu begründen, hatte er mit den „Meditationes de cognitione veritatis et ideis" (Betrachtungen über die Erkenntnis, die Wahrheit und die Ideen) von 1684 seinen methodentheoretischen Gegenentwurf schon fertig. Um jedoch die Palette der traditionellen metaphysischen Fragestellungen von den Themen der Ontologie, d. h. jenes Teils der Metaphysik, in dem das Wesen des Seienden den Reflexionsgegenstand bildet, über die Kosmologie, die rationale Psychologie und Theologie behandeln zu können, mußte im Sinne der Philo-

sophia perennis ein Ansatz gefunden werden, der das Wissen seiner Zeit zu integrieren vermochte, indem er es in den historischen Gesamtzusammenhang seiner Entwicklung einbettete, ein Standpunkt also, der sich die Leistungen seiner Zeitgenossen und Vorgänger kritisch aneignen konnte, ohne sie als falsch abzuweisen. Diese metaphysische Verankerung allen Wissens strebte Leibniz mit dem Begriff der individuellen Substanz oder Monade an. Rückblickend wird er später betonen, daß dafür mehr als zwei Jahrzehnte Studien, Unterredungen und Demonstrationen in fast allen Wissensgebieten erforderlich waren, und er wird in einem Brief an Nicolas Remond bekennen:

Der Schule entwachsen lernte ich die Modernen kennen, und ich erinnere mich, wie ich als Fünfzehnjähriger in einem Gehölz bei Leipzig mit Namen Rosendal spazierenging und darüber nachsann, ob ich an den substantiellen Formen festhalten sollte. Schließlich gewann die mechanische Theorie die Oberhand und veranlaßte mich, mich mit der Mathematik zu befassen. Mit deren tiefsten Geheimnissen wurde ich aber erst im Umgang mit Herrn Huygens in Paris vertraut. Doch als ich die letzten Gründe der mechanischen Anschauungen und gar der Gesetze der Bewegung suchte, entdeckte ich zu meiner Überraschung, daß es unmöglich sei, sie in der Mathematik zu finden, und daß man zur Metaphysik zurückkehren müsse. Das führte mich zu den Entelechien und vom Stofflichen zum Gestalthaften zurück und ließ mich nach mehreren Verbesserungen und Vervollkommnungen meiner Begriffe endlich erkennen, daß die Monaden oder einfachen Substanzen die einzig wahren Substanzen und daß die körperhaften Dinge nur Erscheinungen sind, aber wohlgegründete und verknüpfte Erscheinungen. [L 5, S. 86]

Damit sind die entscheidenden Charakteristika der individuellen Substanzen schon genannt. Monaden sind einfach. Sie haben weder Teile, noch können sie durch Ausdehnung, Figur und Materiemenge wesenhaft bestimmt werden. Umgekehrt geben sie den physikalischen Körpern und ihren Bewegungen erst Realität, indem sie deren signifikante und quantifizierbare Eigenschaften substantiell fundieren. Leibniz bezeichnet sie daher gelegentlich als die wahren oder metaphysischen Atome, die den Körper als Gegenstand der physikalischen Erkenntnis erst erzeugen, indem sie sich zu Aggregaten vereinigen. Die von Gott in einem Schöpfungsakt erschaffenen Monaden sind im Gegensatz zu Körpern individuell, so daß auch nicht zwei Substanzen einander vollständig gleichen, „zwei ununterscheidbare Dinge setzen, heißt dieselbe Sache unter zwei Namen setzen" [L 12, 1, S. 146]. Ihre qualitativen Unterschiede sind deshalb nicht äußerlich, sondern allein durch die vollkommene Selbsttätigkeit der Monade bestimmt, und zwar als Differenzen der Entwicklung ihrer inneren Zustände. Jeder gegenwärtige Zustand einer individuellen Substanz, so lautet ein oft zitiertes Leibnizsches Diktum, ist die natürliche Folge des vorhergehenden, und das Gegenwärtige geht mit der Zukunft schwanger. Diese selbstschöpferische Tätigkeit oder metaphysische Aktivität ist das eigentliche Kennzeichen des Leibnizschen Substanzbegriffs. Sie ist metaphysisch, weil die Monaden keine gegenständlichen Wirkungen aufeinander ausüben. Allein durch ihre metaphysische Realität ist jede Substanz wie eine Welt für sich, gleichsam ein Spiegel Gottes oder vielmehr des gesamten Universums, das sie nach ihrer Weise und Eigentümlichkeit ausdrückt, so wie etwa eine und dieselbe Stadt je nach den verschiedenen Standorten, die der Betrachter wählt, sich verschiedenartig darstellt. [L 12, 2, S. 144 f.]

Daß die Monade weder Türen noch Fenster hat, daß sie alles, was ihr überhaupt begegnen kann, aus sich heraus selbst erzeugt, verhindert also nicht, daß ihr eine Welt inhäriert. Der Garant dafür ist die prästabilierte Harmonie. Dreihundert Jahre nach Leibniz fällt es heute schwer, in den Tiefen der Spekulation solcher Metaphysik jene Punkte auszumachen, die Leibniz' Erwartungen in die naturwissenschaftliche Leistungsfähigkeit seines Substanzbegriffs rechtfertigen, und doch war nichts weniger als die philosophische Begründung der Wahrheit disziplinspezifischer Erkenntnisweisen in den Wissenschaften sein Ziel. Ja, wenn bei einer ersten Kenntnisnahme der Leibnizschen Metaphysik vielleicht noch der Gegensatz zur Naturforschung das Feld beherrschen mag, so erschließen sich dem tiefer Eindringenden dennoch Zusammenhänge, die bis heute gültig sind. Den entscheidenden Anknüpfungspunkt dafür bildet die Synthese von Substanz und Tätigkeit in der Monade. Leibniz schreibt:

Die Essenz der Substanz besteht in der einfachen Kraft der Tätigkeit oder im Gesetz der Folge der Wechsel, so wie die Natur der Reihe in den Zahlen besteht. [51, S. 144]

Und da die Mechanik, wie es an anderer Stelle heißt, nichts weiter ist als die Wissenschaft von der auf sämtliche Arten der Bewegung angewandten Kraft [28, S. VIII], ist klar, daß man mit dem Begriff der Kraft jene Entität bezeichnet hat, in der sich Metaphysik und Naturwissenschaft begegnen. Sie wird in der 2. Hälfte der achtziger Jahre zum bevorzugten Forschungsgegenstand und erlangt schließlich in der Dynamik die Form einer eigenständigen Wissenschaftsdisziplin, in der die Gesetze der Kräfte und insbesondere jene der körperlichen untersucht werden. Dieser von Leibniz eingeführte Terminus ist heute fast nur noch aus der Tradition der Newtonschen Physik bekannt und bedarf daher der Erläuterung.

Spricht Leibniz in der Monadologie von Körpern als Aggregaten einfacher Substanzen, so sind es genauer besehen deren Kräfte, die die innerste Natur der Körper konstituieren, wobei der Kraftbegriff selbst eine eigene Differenzierung und Schichtung aufweist, die sich in vier Momente auseinanderlegen läßt. Als primitive aktive Kraft figuriert jene Spontaneität der Monaden, die sich als Gesetz der Reihe offenbart und von Leibniz auch mit dem Terminus Entelechie belegt wird. Die primitive passive Kraft bezeichnet das Vermögen einer Substanz, die Veränderung eines Zustandes zu erleiden, indem sie eine Gegenwirkung verursacht. Sie ist materiale Bestimmung des sich Ausdehnenden, d. h. räumliche Erfüllung eines Ortes und Undurchdringlichkeit (antitypia und impenetrabilitas). Beide zusammen sind wesentliche Bestimmungen der körperlichen Substanz als Substanz, d. h., in ihnen wird das metaphysische Dasein der Körper vorgestellt, indem sie erklären, auf welche Weise die Phänomene wohlfundiert sind.

Doch bieten die primitiven Kräfte noch keinen Erklärungsgrund für die körperlichen Substanzen als körperliche. Dazu bedarf es besonderer Ursachen, die von Leibniz als Modifikationen der ursprünglichen (primitiven) Kräfte eingeführt werden. An de Volder schreibt er: „Modifikationen sind nur mannigfache und wechselnde Begrenzungen des Subjekts, an dem sie sich finden." [L 12, 2, S. 332] Sie vermehren also dessen Inhalt nicht, sondern ermöglichen die Größenbestimmung primitiver Kräfte. So wird die Raumerfüllung als moles gemäß dem Produkt aus Volumen und Dichte gemessen (derivative passive Kraft). Die derivative aktive Kraft geht als Begrenzung der ursprünglichen aus dem Zusammenprall der Körper untereinander hervor.
In der Einheit dieser vier „Kräfte" kann dann der Körper als etwas Bewegliches verstanden werden, d. h. als ein physikalisches Objekt, das nicht nur Ausdehnung und Raumerfüllung auszeichnet. Leibniz will in seinem Körperbegriff all jene Bestimmungen erfassen, die von der Trägheit über die Elastizität bis hin zur Schwere und anderen als signifikante Eigenschaften eines Körpers der Naturforschung seiner Zeit bekannt waren; jedoch so, daß diese nicht als bloße Aufzählungen von Merkmalen hingenommen werden müssen, sondern in ihrer Einheit verstanden werden. Dazu sind die naturwissenschaftlichen Erkenntnisse nach seiner Auffassung, und das ist die aller Metaphysik, in einer Seinsschicht zu verankern, die nicht unmittelbar Gegenstand naturwissenschaftlichen Wissens ist. Sie bedürfen der metaphysischen Fundierung. Dies genau soll der Leibnizsche Kraftbegriff leisten, ohne den daher weder die besonderen Eigenschaften physikalischer Körper Realität besitzen, noch deren Bewegung.

Denn Bewegung (wie auch Zeit) existiert niemals, wenn man die Sache ganz exakt beurteilt, da sie niemals als Ganzes existiert, weil sie keine koexistierenden Teile hat. Und daher ist nichts an ihr real außer jenes Momentane, das in einer zur Veränderung drängenden Kraft bestehen muß. [L 10, S. 5]

Die Kraft bestimmt in jedem einzelnen Zeitmoment nicht nur Geschwindigkeit und Richtung der Bewegung eines Körpers, sie erschöpft sich also nicht in ihren kinematischen Charakteristika, sondern hebt auf die Bedingungen der Fortsetzung der Bewegung über jeden beliebigen Zeitpunkt hinaus ab, indem sie als Zustand der Bewegung verstanden wird, „sofern er zu einem folgenden hinstrebt bzw. den folgenden in sich involviert" [12, 1, S. 118]. Die Kraft ist daher jenes Moment an der Bewegung, das der im Dialog „Pacidius Philaleti" als kinematische Kontinuität des Bewegungsablaufs diskutierten Frage nach der Denkbarkeit der Bewegung Realität gibt. Oder anders ausgedrückt: Leibniz hat jetzt die Antwort auf die 1676 noch offen gelassenen Probleme gefunden. Sie lautet: Das Subjekt der Bewegung ist die Monade oder individuelle Substanz, und die Kraft bezeichnet mit der Fähigkeit jedes Körpers zur Selbstbewegung deren Wirkung zugleich als das Wesentliche am Bewegungsvorgang. Deshalb fällt für Leibniz die Suche nach dem Maß der Kraft mit dem Auffinden einer grundlegenden Gesetzmäßigkeit aller Bewegung zusammen.

Mehr noch, die Leibnizschen Begriffe von Raum und Zeit ergeben sich nun wie von selbst und folgerichtig aus den Grundbegriffen der Dynamik. Daß nämlich Raum und Zeit etwas rein Relatives sind, die Ordnung der Existenz im Beisammensein bzw. die Ordnung des Nacheinander [L 12, 1, S. 134], daß Materie und Raum keineswegs dasselbe bedeuten, vielmehr Raum ohne Materie nicht denkbar ist, mithin der Raum allein keine absolute Realität besitzt, ja daß sich Raum und Materie verhalten wie Zeit und Bewegung [L 12, 1, S. 192], dies heißt doch nur, daß die kinematischen Begriffe der Bewegung ohne ihre dynamische Grundlegung keine Realität besitzen.
Die physikalische Auszeichnung von Bezugssystemen und die darauf aufbauende Unterscheidung von absoluter und relativer Bewegung haben damit nur insofern etwas zu tun, als Leibniz das Verfahren der Physiker, das er übrigens überall anerkennt, selbst philosophisch begründen will, um den Status seiner Wissenschaftlichkeit festzustellen, während Newton Begriffe wie Raum und Zeit von vornherein im Rahmen der Physik selbst einführt. In der Korrespondenz zwischen Leibniz und Samuel Clarke, für die, wie man heute weiß, Newton ganze Passagen selbst verfaßt hat, unterstellen daher die Opponenten wechselseitig den eigenen Standpunkt als den des jeweils anderen, so daß sie mit den gleichen Termini über verschiedene Begriffe reden. Während Newton-Clarke die Begriffe Raum und Zeit im Kontext einer physikalischen Theorie einführen, ist Leibniz an der Frage interessiert, ob eine künstlich erzeugte Erkenntnissituation, wie sie im Experiment vorliegt, objektiv wahre Naturerkenntnisse liefern kann. Und dazu muß er die Herkunft solcher Grundbegriffe wie Raum und Zeit aufklären, in denen die Ergebnisse einer physikalischen Messung beschrieben werden. Das geschieht im Rahmen seiner Dynamik und soll im folgenden an einem ihrer zentralen Probleme, dem Maß der lebendigen Kraft, dargestellt werden.
Kaum eine andere Fragestellung ist für ihn in naturphilosophischer Hinsicht so grundlegend wie diese, denn die Auszeichnung und Begründung des Kraftmaßes gilt Leibniz als Schlüssel zur Formulierung wahrer Bewegungsgesetze. Man begegnet ihr daher schon in den ersten eigenständigen naturphilosophischen Wortmeldungen, im „Discours de metaphysique" hat sie ihren Platz, für die dynamischen Schriften ist sie selbstverständlich, und sogar in der „Theodizee" oder in den „Nouveaux essais" kann er darauf nicht verzichten. Selbst im 18. Jahrhundert war der Streit um das wahre Kraftmaß, d. h. die Kontroverse zwischen Leibnizianern und Cartesianern, ob mv oder mv^2 das wahre Maß der Bewegung sei, noch ein wissenschaftliches Ereignis, das keine geringeren als Daniel Bernoulli, Leonhard Euler, Jean le Rond d'Alembert und Immanuel Kant zu Stellungnahmen herausforderte [53; 62]. An seiner Einführung lassen sich daher Grundeinsichten in Leibniz' Physikbegriff gewinnen.
Nach der gegenwärtigen Kenntnis der Leibnizschen Handschriften verbindet Leibniz das Maß der Bewegung (Kraft) erstmals 1678 mit der physikalischen

Größe mv^2. Das geschieht in dem bisher nicht vollständig veröffentlichten Manuskript „De corporum concursu“ (Über den Stoß der Körper), einer für uns heute äußerst spannenden Lektüre, in der sich auf nur wenigen Blättern der Wandlungsprozeß von der Quantitas motus (dem cartesischen Maß der Bewegung mv) zum Maß der lebendigen Kraft nachvollziehen läßt. Leibniz beginnt mit $|mv|$ als dem Absolutbetrag der cartesischen Meßgröße, um zu ihrer vektoriellen Bestimmung fortzuschreiten und schließlich bei mv^2 anzukommen. Dieses Resultat wird an Huygens' Stoßregeln gewonnen und ist daher für Leibniz das Ergebnis rein empirischer Untersuchungen, deren Wahrheit erst noch begründet werden muß. Darüber hinaus ist bei Leibniz eine apriorische, d. h. von jeder Erfahrung unabhängige Ableitung der Größe mv^2 verbürgt [60], deren Gültigkeit sich aus der im Dialog „Pacidius Philaleti“ demonstrierten Denkbarkeit der Bewegung, d. h. aus dem dort eingeführten infinitesimalanalytisch ausschöpfbaren Kontinuumsbegriffs ergibt. Ausgehend von der Definition bestimmter infinitesimaler Größen sowie unter Zuhilfenahme von Axiomen und Postulaten schließt Leibniz gleichsam als Pendant zu Huygens rein mathematisch auf mv^2. Jeweils in sich stringent hat er damit auf verschiedenen Wegen die Größe mv^2 hergeleitet, mathematisch und empirisch. Weder die eine noch die andere Herleitung aber gilt ihm schon als physikalisch, wie umgekehrt die physikalische Herleitung weder auf die Mathematik noch auf die Empirie verzichten kann. Denn: „Physica per Geometriam Arithmeticae, per Dynamicen Metaphysicae subordinatur“ (Die Physik ist durch die Geometrie der Arithmetik und durch die Dynamik der Metaphysik untergeordnet) [GM 6, S. 104]. Leibniz sieht die Infinitesimalmathematik als jenes Mittel an, mit dem sich Physik und Geometrie verbinden lassen [L 1, 2, S. 309].

Auf diesem Hintergrund ist die Einführung einer Reihe von differentiellen Größen in die Dynamik zu sehen, die im Gegensatz zu den rein geometrischen alle eine im Sinne der Dynamik inhaltliche Interpretation besitzen. Der bereits aus den siebziger Jahren geläufige Conatus wird nun als vektoriell bestimmte Geschwindigkeit definiert. Unter dem Impetus soll das Produkt aus der Masse des Körpers und seiner Geschwindigkeit verstanden werden, und die infinitesimale Größe mds firmiert bei Leibniz als die Quantität der Momentanbewegung.

In diesem Zusammenhang werden auf der derivativen Ebene auch die toten und lebendigen Kräfte eingeführt. Sie unterscheiden sich dadurch voneinander, daß tote Kräfte noch keinen Bewegungsvollzug ausdrücken, sondern nur die Tendenz zur Bewegung, wie sie sich in der Gravitation, der Zentripetalkraft oder der gespannten Elastizität zeigt, während lebendige Kräfte stets mit einer konkreten Bewegung verknüpft sind. Daß Leibniz beide als derivative Kräfte einführt, legitimiert sie als Kräfte zur Erklärung von Naturphänomenen, was durch primitive Kräfte allein nicht möglich ist [L 10, S. 7]. In diesen heute nicht mehr geläufigen Begriffen beschreibt Leibniz die Notwendigkeit der Maßbestimmung der lebendigen Kraft durch mv^2, und er geht dabei von einem sich gleichförmig geradlinig mit dem Impetus mv bewegenden Körper aus, dessen infinitesimales Element (Solicitation genannt) er mit $mvdv$ angibt. Die Größe mv^2 erhält man formal durch das Aufsummieren der Solicitationen, d. h. durch die Integration $\int mvdv$, was inhaltlich als die Übertragung differentieller Impetus zu deuten ist, die durch eine beschleunigende, d. h. Geschwindigkeitsänderung bewirkende Kraft hervorgerufen werden, in deren Wirkungen sich mv^2 als Meßgröße erhält.

Damit aber liegt auch der Zusammenhang jener auf unterschiedlichen Wegen bestimmten Größen klar zutage. Ihr Kristallisationspunkt ist die dynamische Herleitung, die, indem sie rein mathematische Beziehungen inhaltlich interpretiert, nicht nur Mathematik und Dynamik zusammenschließt, sondern den empirischen Ergebnissen zugleich ein metaphysisches Fundament gibt. Erst diese Vermittlungsbeziehung macht mv^2 zum Maß der lebendigen Kraft. Jeder einzelne dieser Aspekte mag wohl mathematisch oder empirisch seine Berechtigung haben, jedoch nicht physikalisch. Das trifft insbesondere auch auf die in der Literatur häufig zitierte Ableitung aus dem „Brevis demonstratio“ (Kurzer Beweis) zu [L 12.1, S. 246 ff.], die erst in dem hier erläuterten umfassenderen Kontext die Gültigkeit von mv^2 als Maß der lebendigen Kraft verbürgt.

Bedenkt man in diesem Zusammenhang, daß Leibniz die Mechanik auf die Begrifflichkeit der reinen Geometrie und die Physik auf die Mechanik zurückführen will [A III, 3, N. 192], so wird klar, daß zur eigentlichen Vermittlungsinstanz zwischen Empirie und Mathematik die Geometrie avanciert. Sie erweist sich einerseits – und darin besteht die Kritik an Descartes – nicht als äußerlich aufgetragenes Netz, das die Realität in das Prokrustesbett ihrer Begriffe pressen will, sondern als Konsequenz der inneren Dynamik der physikalischen Wirklichkeit selbst. Andererseits ist die Arithmetik geometrisch darstellbar, und beides zusammen garantiert die Möglichkeit der Anwendung von Mathematik auf die Physik. Leibniz erkennt daher, daß die Physik im modernen Sinne nicht mathematikfrei formuliert werden kann, daß aber auch nicht jede mathematische Struktur physikalisch interpretierbar ist, ja, daß diese Interpretation immer den Weg über die Geometrie nehmen muß. Dies ist eine bis heute gültige Einsicht in das Wesen der modernen Physik.

Mit dieser Feststellung deckt er zugleich den Kern jener Hoffnungen auf, die er mit seinem „Calculus situs“ verband. Ohne Zweifel wollte Leibniz mit der geometrischen Charakteristik die Physik ohne Umweg in die „Scientia generalis“ integrieren. So würde der gesamte Vermittlungszusammenhang wegfallen und die Physik, wie er sich ausdrückt, von der Anschauung befreit. Dies aber gelingt ihm nicht. Leibniz muß die geometrisch-dynamische Erklärung physikalischer Phänomene über eine arithmetische Darstellung in die allgemeine Wissenschaftslehre einbinden. Das ist, wenn man so will, das Geheimnis des Leibnizschen Physikkonzepts, ohne das seine speziellen physikalischen Arbeiten nicht zu verstehen sind. Leibniz kommt, um es noch einmal deutlich zu sagen, ohne eine naturphilosophische Interpretation geometrisch beschreibbarer Sachverhalte, d. h. mechanischer Modelle, nicht aus. Er hat damit zweifellos gegenüber den Ansätzen der siebziger Jahre einen großen Schritt nach vorn getan, denn die dynamischen Modelle sind keine Äthermodelle mehr, und er hat die Bedeutung der Geometrie und der Dynamik für die moderne Physik erkannt. Die Konsequenzen aus dieser grundlegenden naturphilosophischen Neuorientierung zieht er in seinen speziellen physikalischen Arbeiten.

Drei Beispiele aus der Physik

Eine der entscheidenden durch die Dynamik inaugurierten Wandlungen im Verständnis der physikalischen Wirklichkeit vollzieht Leibniz im Nachdenken über die Elastizität. Hatte er in der „Hypothesis physica nova" dieses für das 17. Jahrhundert interessant werdende Thema noch mit der Ätherhypothese erklärt, so wird es nun als Strukturprinzip der Materie überhaupt thematisch [9]. Die Elastizität bezeichnet auf dem Niveau der Dynamik als tote Kraft eine für den Körper wesentliche Eigenschaft, die im Gegensatz zur lebendigen Kraft jedoch nur die Tendenz zu einer Bewegung ausdrückt und daher erst unter definitiven physikalischen Bedingungen wirksam werden kann. Das ist beim zentralen elastischen Stoß der Fall, denn der Zusammenprall der Körper bewirkt dort, daß die Kräfte, die den jeweiligen Conatus zugrunde liegen, in das Elastische der Körper übertragen werden und als nunmehr elastische Wirkungen eine Verformung derart verursachen, daß die Körper schließlich zur Ruhe kommen. Dieser Zustand gespannter Elastizität ist genau das, was der Elastizität den Charakter einer toten Kraft gibt – das Bestreben, einen gestörten Zustand wieder in seinen ursprünglichen zu überführen, d. h. die Reflexion der Körper beim Stoß zu bewirken.
Mit der Deutung der Elastizität als Kraft entfällt die früher gegebene Erklärung des elastischen Stoßes durch den Austausch von Ätherquantitäten als metaphysisch nicht fundiert, da Atome und Äther außerhalb der dynamischen Grundlegung ohne Realität sind. Leibniz ist darüber hinaus in der Lage, eine Lösung für das ihn seit seiner Jugend interessierende Problem der Festigkeit von Körpern anzubieten, die er am Modell eines speziellen physikalischen Systems diskutiert [L 10, S. 57 f.]. Sie bildet als dynamische Theorie der Festigkeit das naturphilosophische Fundament, auf dem er 1684 nach intensiver Diskussion mit Edme Mariotte seine Überlegungen zur Bruchfestigkeitstheorie entwickelt.
Die Faszination der Korrespondenz zu diesem Thema besteht vor allem in dem Bewußtwerden des Zusammenwirkens von Naturphilosophie und Mathematik bei der Lösung konkreter physikalischer Aufgaben. Mariotte hatte Leibniz am 28. 4. 1678 mitgeteilt, daß der Galileische Ansatz, dieses

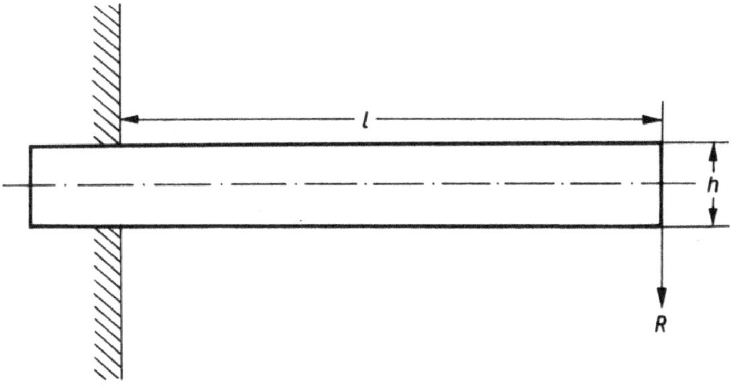

Problem mathematisch zu behandeln, der Korrektur bedürfe, da Galilei nicht den Aufbau eines Körpers aus elastischen Fasern berücksichtigt habe. Galilei war in seiner Theorie der Bruchfestigkeit von den Gleichgewichtsbedingungen an einem horizontal in eine Mauer eingelassenen Balken der Länge l, der Querschnittshöhe h und der Breite b ausgegangen, die sich als Verhältnis von Zug- und Bruchfestigkeit darstellen lassen (Abb. 21). Das damit gegebene physikalische System wird von ihm als Hebel aufgefaßt, an dessen einem Arm im Abstand l eine Kraft angreift, die sich zusammensetzt aus dem am Balkenende angebrachten Gewicht R plus der Hälfte des Eigengewichts des Balkens $G/2$. Am zweiten Hebelarm wirkt im Abstand $h/2$ der Widerstand gegen den Bruch des Balkens. Unter der Voraussetzung, daß alle Querschnittselemente oder Fasern die gleiche Normalspannung σ aufweisen und daher auf der halben Querschnittshöhe eine Zugkraft $\sigma\, bh$ resultiert, daß dieses System als starr vorausgesetzt wird – die Fasern also keine Dehnung vor dem Bruch erfahren – und daß der Bruch des Balkens als Drehung um die untere Kante der Einspannstelle angesehen werden kann, läßt sich folgende Momentengleichung aufstellen:

$$\left(R + \frac{G}{2}\right) l = \sigma b h \frac{h}{2} = \frac{1}{2} \sigma b h^2. \qquad (8)$$

Galilei nimmt also an, daß sich Zug- und Bruchfestigkeit zueinander verhalten wie die Länge des Balkens zur Hälfte seiner Querschnittshöhe, und das genau ist der Punkt, an dem die Kritik von Mariotte einsetzt [18, S. 98]. Gegenüber Galilei hält Mariotte zunächst einen theoretischen Ansatz für experimentell gesichert, bei dem in die von Galilei angegebene Proportion nicht die Hälfte der Balkenhöhe, sondern nur ein Viertel eingeht. Dieses Ergebnis teilt er Leibniz brieflich mit, der jedoch nicht sofort von seiner theoretischen Gültigkeit überzeugt ist. Vielmehr glaubt er, daß die unterschiedlichen naturphilosophischen Voraussetzungen sich nicht merklich in der Theorie niederschlagen. In der nun folgenden Korrespondenz sieht sich Mariotte gezwungen, seine Position zu Galilei ausführlicher zu begründen, indem er die Voraussetzungen expliziert: Feste Körper sollen danach aus Fasern bestehen, die in ihrer Gesamtheit die Festigkeit und Widerstandsfähigkeit eines Körpers gegen Bruch ausmachen. Des weiteren unterstellt Mariotte, daß die Fasern sich proportional zu einem angebrachten Gewicht auszudehnen vermögen, eine bestimmte Ausdehnung aber nicht ohne Bruch des Körpers überschritten werden kann. Unter diesen Bedingungen wird von ihm die gegenüber Galilei modifizierte Proportion hergeleitet [A III, 3, N. 437], und auch Leibniz ist nun davon überzeugt, daß die Berücksichtigung der Elastizität sich merklich in der Theorie niederschlägt. Er betont daher in dem Antwortschreiben an Mariotte seine Übereinstimmung mit der für ihn selbstverständlichen Annahme, daß jeder Körper vor dem Bruch eine lineare Ausdehnung erfährt. Mehr noch, die Ausdehnung ist den dehnenden Kräften proportional [GM 6, S. 108], und dies ist die entscheidende Einsicht, über die seine Theorie mit der Mathematik verknüpft wird, denn daraus leitet Leibniz ab, daß die Widerstände des Balkens vom oberen zum unteren Balkenrand in geometrischer Progression abnehmen. Indem er wie Mariotte den Balken in einzelne Fasern aufteilt, die er beliebig klein werden läßt, kann er seinen neuen Kalkül darauf anwenden (Abb. 22). Das ergibt in moderner Schreibweise anstelle der Galileischen Beziehung die Momentengleichung

$$Rl = \int_0^h \frac{\sigma}{h} \cdot by^2 \, dy = \frac{1}{3} \sigma bh^2. \qquad (9)$$

Zug- und Bruchfestigkeit verhalten sich bei Leibniz mithin wie die Länge des Balkens zu einem Drittel seiner Höhe. Dieses Ergebnis wird von Mariotte akzeptiert und in die postum erschienene „Traité de mouvement des eaux et des autres fluides" (Abhandlung über die Bewegung des Wassers und anderer Flüssigkeiten) übernommen. Darin geht er aber noch einen Schritt weiter. Die Elastizität bringt ihn auf den Gedanken, mit der Einführung einer neutralen Achse den Drehpunkt nicht mehr in die untere Balkenkante zu verlegen, sondern Druck- und Zugspannung zu unterscheiden [MO, S. 465]. Die beiden Anteile glaubt er daraus zu gewinnen, daß er in (9) für h den Abstand $h/2$ von der neutralen Achse bis zur oberen bzw. unteren Balkenkante setzt und als Summe der beiden Terme wieder (9) erhält. Bei gleichzeitiger Substitution von $G/2$ für G hätte sich daraus die auch heute gültige Beziehung für einen Balken mit rechteckigem Querschnitt, nämlich $Rl = {}^1/_6 \, \sigma \, bh^2$ ergeben [62, S. 362].

Die Korrespondenz mit Mariotte hat damit zu physikalischen Ergebnissen geführt, die einen wichtigen Schritt in der Geschichte der Elastizitätstheorie markieren. Sie bleibt nicht darauf beschränkt. Mariotte ist für Leibniz in

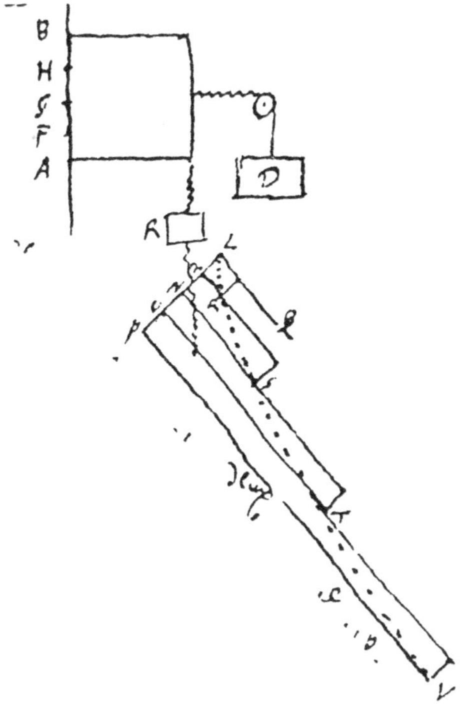

22

physikalischen Dingen einer der wichtigsten Gesprächspartner, mit dem er brieflich neben dem elastischen Stoß auch die Wirkungsweise des Keils, Probleme der Optik und der Bewegung in widerstehenden Medien diskutiert. Leibniz' Beiträge zur Akustik machen dabei keine Ausnahme. Zwar war es der Helmstedter Medizin-Professor Günther Christoph Schelhammer, der Leibniz den Anlaß zur zusammenfassenden Darstellung seiner Ansichten gab [A III, 3, N. 182, N. 206, N. 311], doch schon bald spielt dieses Thema auch im Briefwechsel mit Mariotte eine Rolle [A III, 3, N. 269].
Leibniz unterscheidet in seinen akustischen Überlegungen drei Problembereiche: den Ursprung, die Ausbreitung und die Wahrnehmung des Schalls. Hinsichtlich seines Ursprungs konstatiert er eine den Verhältnissen beim zentralen elastischen Stoß analoge Situation, bei der ein Stoß zwar Bedingungen für die Wirkungsfähigkeit der Materie schafft, die eigentliche elastische Wirkung jedoch in der Wiederherstellung des gestörten Zustandes besteht. Und diese, führt Leibniz weiter aus, ist derart, daß der Ausgangszustand nicht schon mit einem Mal erreicht wird, sondern die Folge der Restitutionen als Schwingung anzusehen ist, deren Geschwindigkeit mit der Tonhöhe eine Eigenschaft des Schalls festlegt. Ohne diese Eigenschaft elastischer Körper gäbe es nach Leibniz keine Konstanz der Schwingungsfrequenz, d. h. der Tonhöhe. Damit ist die Elastizität jene Qualität der Materie, die eine iso-

chrone Schallausbreitung unabhängig von der Stärke der Erschütterung, d. h. unabhängig von der Amplitude der Schallwellen sichert. Die Erklärung der Schallausbreitung bedarf der Hypothese von der Luft als einer elastischen Flüssigkeit. Da dieses Modell nach Leibniz' Dynamik als Kontinuum zu denken ist, in dem sich zwar Teile ausmachen lassen, jedoch so, daß sie nicht separierbaren Atomen vergleichbar sind, kann er die Ausbreitung des Schalls als Entwicklung einer longitudinalen Wellenfront beschreiben, in der Kraftquanta von Teilchen zu Teilchen übertragen werden. Diese Überlegungen werden noch detaillierter ausgeführt, indem Leibniz plausibel macht, weshalb die Fortpflanzung unterschiedlicher Tonhöhen überhaupt möglich ist und das Ohr mit verschiedenen Frequenzen in Resonanz stehen kann. Er nutzt dafür die in seiner Dynamik selbstverständliche Annahme von der Eigenschwingung physikalischer Körper als Folge ihrer Elastizität, wobei das System Schallquelle – Luft nach der bekannten Tatsache der Anregung gleichgestimmter Saiten modelliert wird.

Ernst Gerland hat in seiner „Geschichte der Physik" die Vermutung geäußert, daß Leibniz zu seinen akustischen Überlegungen durch die Behandlung des Schalls in Newtons „Principia" angeregt wurde [19, S. 665]. Sie liegt vor allem deshalb nahe, weil Newton in seiner Theorie der Schallausbreitung ebenso wie Leibniz Stoßwellen zugrunde legt. Der Unterschied besteht jedoch darin, daß sich Newton mit einer mathematischen Explikation im Sinne der theoretischen Physik begnügt, während Leibniz eine dynamische Erklärung verlangt: Wenn daher Newton behauptet, daß die durch Stoßwellen angeregten Teilchen harmonisch oszillieren, oder anders ausgedrückt, daß die treibenden Kräfte den Auslenkungen aus dem Schwingungszentrum proportional sind, so hat er damit zwar den harmonischen Oszillator physikalisch charakterisiert, jedoch nicht die Existenz solcher Kräfte bewiesen. Demgegenüber will Leibniz mit seiner dynamischen Theorie der Schallausbreitung gerade die Möglichkeit einer solchen Bewegungsform beweisen. Leibniz' Theorie ergänzt, wenn man so will, die Newtonsche philosophisch, um sie im Sinne seines eigenen Verständnisses von Naturwissenschaft erst zur Physik zu machen.

Trotz dieser Komplementarität der beiden Theorien besteht eine direkte Anregung durch Newtons „Principia" nicht. Die Korrespondenz mit Schelhammer und Mariotte vermittelt vielmehr einen Einblick in die Entstehungsgeschichte grundlegender Ansichten Leibniz' zur Akustik, die schon fünf Jahre vor dem Erscheinen des Newtonschen Werkes vorlagen.

Eine Anmerkung zu Newtons Farbenlehre, in der Leibniz einen Vergleich von Farbunterschieden mit musikalischen Intervallen andeutet [L 6, S. 106], zeigt, in welcher Weise selbst für seine optischen Arbeiten der Gedanke von der Elastizität als Strukturprinzip der Materie grundlegend bleibt. Leibniz versucht damit jenen dynamischen Zugriff, mit dem er hinsichtlich der Themen zur Bruchfestigkeitstheorie und Akustik insgesamt recht erfolgreich war, auf

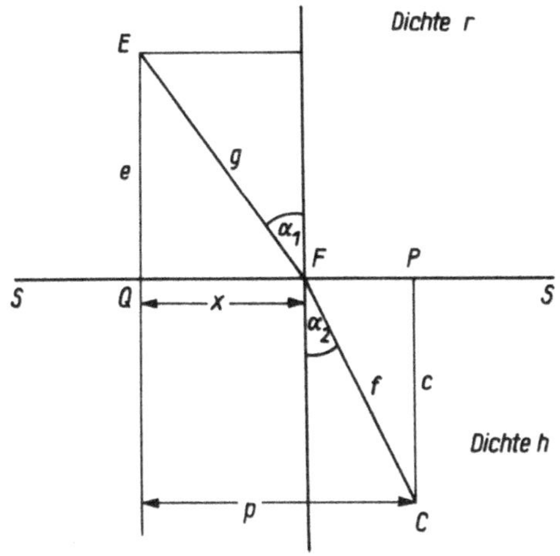

23 Strahlendurchgang in optischen Medien unterschiedlicher Dichte

die physikalische Erklärung optischer Phänomene zu erweitern. Die entsprechenden Entwürfe sind mannigfaltig, und sie stehen mit dem Titel „Ein einziges Prinzip der Optik, Katoptrik und Dioptrik", der für die Acta Eruditorum 1682 entstand, im Zenit seiner Überlegungen zu Reflexion (Katoptrik) und Brechung (Dioptrik). Leibniz setzt darin das Niveau der Diskussion in den Arbeiten von Descartes, Willibrod Snellius und Pierre Fermat als gegeben voraus, die er von seinem eigenen Ansatz aus kritisch durchmustert. Zwei Annahmen sind dafür bestimmend: Die Anwendung des Infinitesimalkalküls, mit dem er, wie er sagt, in drei Zeilen herausbringt, was andere gelehrte Männer nur auf vielen Umwegen erreicht haben, und die Benutzung nur eines einzigen Prinzips. Es lautet in der Formulierung von 1682: „Das Licht gelangt vom strahlenden Punkt zu dem zu beleuchtenden Punkt auf dem leichtesten von allen Wegen" [L 11, S. 287].

Der rein geometrische Teil seiner Ableitung des Snelliusschen Brechungsgesetzes ist unter dieser Voraussetzung in der Tat schnell hingeschrieben. Es handelt sich, wie Leibniz erkennt, um eine Extremwertaufgabe, die er folgendermaßen formuliert und löst: Gegeben seien zwei Punkte, E und C, die mit der Geraden SS in einer Ebene liegen. Gesucht ist ein Punkt F auf der Geraden derart, daß die Summe des Rechtecks aus CF multipliziert mit der gegebenen Strecke h und des Rechtecks aus EF und der Strecke r ein Minimum ergibt. In der physikalischen Interpretation bezeichnet diese Aufgabe einen Strahlendurchgang von E nach C durch zwei Medien unterschiedlicher optischer Dichte (h und r), für die nach den Bedingungen gefragt wird, unter denen der Lichtweg ein Minimum wird (Abb. 23). Benutzt man die von Leibniz gewählten Bezeichnungen, so bedeutet dies, daß

$$w = hf + rg \quad \text{mit} \quad f = \sqrt{c^2 + (p-x)^2} \quad \text{und} \quad g = \sqrt{e^2 + x^2}$$

ein Minimum annehmen muß, d. h. der Bedingung $\frac{dw}{dx} = 0$ genügt. Die Lösung dieser Differentialgleichung (der Terminus wird von Leibniz explizit verwendet) ergibt:

$$\frac{h(p-x)}{f} = \frac{rx}{g} \quad \text{oder} \quad \frac{\sin \alpha_1}{\sin \alpha_2} = \frac{h}{r}.$$

Die Sinus von Einfalls- und Brechungswinkel verhalten sich daher den Dichten der optischen Medien gegenüber invers.
Mit der anschließenden Bemerkung: „Diese Dichtigkeit ist jedoch nicht in bezug auf uns, sondern in bezug auf den Widerstand, den die Strahlen des Lichtes erfahren, zu verstehen" [L 2, S. 10], leitet Leibniz die für ihn stets notwendige dynamische Interpretation seiner zunächst nur geometrisch gültigen Resultate ein. Daß nämlich der Lichtweg der leichteste ist, bedeutet physikalisch, daß das Produkt aus geometrischem Weg und Widerstand des Mittels bezüglich der Ausbreitung des Lichtes ein Minimum annimmt.
Gelingt es Leibniz also, den Widerstand des Mittels dynamisch zu erklären, so ist mit dem rein geometrischen Ergebnis zugleich das Brechungsgesetz als physikalisches verbürgt, weil er auf diese Weise, wie es den Forderungen seiner Dynamik entspricht, die Dichte der Medien nicht an einem willkürlich ausgewählten Maßstab mißt (der Dichte im Vakuum etwa), sondern diese Dichten intern als Widerstand gegen die Lichtausbreitung nach ihren naturphilosophischen Vorraussetzungen befragt. Das aber ist gerade Leibniz' Problem, denn wie ist der Widerstand der Mittel dynamisch plausibel zu machen? Leibniz sieht sich diesbezüglich in der Tradition von Descartes, doch schon liest man einschränkend, daß dessen Lösung zu verbessern sei. Descartes hatte das empirisch bekannte Faktum der Brechung eines Lichtstrahls zum Einfallslot hin, sobald nur der Lichtstrahl von einem optisch dünneren in ein optisch dichteres Medium eintritt, so gedeutet, daß der Strahl im dichteren Medium weniger Widerstand erfährt. Das Gleichnis einer rollenden Kugel auf einem Teppich (dünnes Medium) bzw. einer Tafel (dichtes Medium) sollte dafür ein Erklärungsmodell abgeben. Doch Leibniz ist klar, daß im Falle eines Systems Tafel – Teppich – Tafel die Kugel beim Verlassen des Teppichs die ursprüngliche Geschwindigkeit nicht wiedererlangt, Descartes' Modell die in Frage stehende physikalische Situation also nicht trifft. Beibehalten will er jedoch die cartesische Aufspaltung der Lichtgeschwindigkeit beim Strahlendurchgang in zwei Komponenten, eine horizontale und eine vertikale. Nimmt man in der auch Descartes bekannten Beziehung für das Snelliussche Brechungsgesetz

$$\frac{\sin \alpha_1}{\sin \alpha_2} = \frac{h}{r} = \frac{x}{g} \cdot \frac{f}{(p-x)}$$

die Substitutionen $r = n_1$, $h = n_2$, $g = c_1$ und $f = c_2$ vor, so ergibt sich unter der

Bedingung, daß die Horizontalkomponenten der Lichtgeschwindigkeit für beide Medien gleich sind:

$$\frac{c_1}{c_2} \cdot \frac{n_2}{n_1} = 1,$$

d. h., die Lichtgeschwindigkeiten verhalten sich wie die Dichten der Medien, so daß in einem optisch dichteren Medium die Lichtgeschwindigkeit größer ist als in einem optisch dünneren. Mit der Akzeptanz der cartesischen Bedingung der Gleichheit der Horizontalkomponenten übernimmt Leibniz daher auch die falsche Konsequenz hinsichtlich der Lichtgeschwindigkeiten. Wenn man nun aber, wie Leibniz fordert, die Dichten auf die Widerstände bezieht, so ist im Gegensatz zu Descartes klar, daß die Widerstände im dichteren Medium größer sein müssen. In dem Versuch, eine dynamische Erklärung dafür zu finden, besteht seine Korrektur an der cartesischen Optik. Er ist damit an einem Punkt angekommen, der ihn zwar zukünftig immer wieder zu neuen Hypothesen Zuflucht nehmen läßt, ihn aber dennoch letztlich wenig befriedigt. Seine dynamischen Argumente vom Impetus bis zur Elastizität vermögen die Proportionalität von Widerstand und Lichtgeschwindigkeit nicht schlüssig zu belegen. Den Grund dafür sieht Leibniz in der nicht hinreichend bekannten Natur des Lichtes, die offenbar mit den ihm verfügbaren dynamischen Mitteln nicht vollständig beschreibbar ist. Um indes selbst unter diesen Bedingungen die geometrischen Ergebnisse naturphilosophisch fundieren zu können, gibt er zu bedenken, daß diejenigen irren,

> die mit Descartes die Zweckursachen in der Physik verwerfen, während sie uns doch außer der Bewunderung der göttlichen Weisheit das schönste Prinzip bieten, um auch die Eigenschaften solcher Dinge zu entdecken, deren innere Natur uns noch nicht so klar bekannt ist, daß wir die naheliegendsten Wirkursachen [causa efficiens] verwenden und die Mechanismen [machinae] erklären können, die der Schöpfer angewendet hat, um jene Wirkungen hervorzubringen und um seine Zwecke zu behaupten. [L 11, S. 290]

Formulierungen dieser Art haben in der Rezeptionsgeschichte der Leibnizschen Ideen zu einer Reihe von Mißverständnissen und Fehldeutungen Anlaß gegeben, die in nicht geringem Maße auch die Meinung genährt haben, das Prinzip der kleinsten Wirkung sei Ausdruck einer final dispositionierten Naturwirklichkeit. Es ist daher an dieser Stelle genauer in den Sinn der Leibnizschen Formulierung einzudringen.

Die Redeweise vom Reich der Kausalursachen und vom Reich der Zwecke zielt zweifellos auf eine Grundeinsicht der Leibnizschen Metaphysik, und sie meint, daß die Körper sich gemäß den Gesetzen der Ursachen verhalten, während die Seelen nach den Gesetzen der Finalgründe durch Begehren, Zwecke und Mittel wirken [L 12, 2, S. 453]. Das wichtigste aber: beide befinden sich in Harmonie miteinander, so daß allgemeine Naturgesetze nicht schlechthin aus Zweckursachen ableitbar sind. Leibniz führt dies auch explizit aus, wenn er 1682 in den Acta Eruditorum von der heuristischen

Bedeutung seines Prinzips spricht, und dies korrespondiert mit der Passage des „Specimen Dynamicum", in der er die physikalische Bedeutung finaler Ursachen darin sieht, daß „wir gelegentlich auf diesem Weg erahnen, was auf dem Weg der wirkenden Ursachen nicht ebenso oder nur hypothetisch zugänglich ist" [L 10, S. 29].

Der Rückgriff auf die Finalursachen ist daher für Leibniz lediglich ein Prinzip, das die dynamische Erklärung zwar leiten, aber nicht ersetzen kann, und zwar ganz im Sinne der Unterscheidung von allgemeinen und besonderen Ursachen bei der Erklärung physikalischer Phänomene.

Gerade darin besteht auch die Problematik des Leibnizschen Physikbegriffs. Leibniz muß philosophisch immer schon das Wesen einer Sache, wie die Natur des Lichtes, verfügbar haben, um geometrische Strukturen dynamisch interpretieren zu können. Die mit einem solchen Konzept verbundenen Schwierigkeiten treten in seinen Arbeiten zur Himmelsmechanik noch deutlicher hervor.

Die erste umrißhafte Behandlung dieses Themas als dynamisches Problem erschien 1689 in den Acta Eruditorum. Leibniz hatte während seiner großen Reise nach Süddeutschland und Italien 1688 in derselben Zeitschrift die anonyme Rezension der Newtonschen „Philosophiae naturalis Principia mathematica" (Mathematische Prinzipien der Naturlehre) gelesen und daraufhin seine eigenen Ansichten unter dem Titel „Tentamen de motuum coelestium causis" (Versuch über die Ursachen der Himmelsbewegungen) für den Druck vorbereitet. Gewiß mußte er fern von Hannover auf Vorstudien verzichten, das Werk Newtons hatte er selbst nicht zur Hand, und auch auf die ihm so unerläßliche Nutzung historischer Quellenliteratur konnte er wohl kaum zurückgreifen. Dennoch war diese Situation für Leibniz so untypisch nicht. Das „Tentamen" mußte sich später zwar eine Revision gefallen lassen, die Grundidee jedoch blieb erhalten, und sie ist treffend schon in dem Titel von 1689 ausgedrückt.

Im Gegensatz zu Newtons mathematischen Prinzipien der Naturlehre will Leibniz die Ursachen der planetarischen Bewegung ergründen. Kepler, meint er, habe mit seinen drei Gesetzen nicht nur die empirischen Voraussetzungen für ihre physikalische Erklärung formuliert, man finde bei ihm auch einen Zugang zur Begründung der Notwendigkeit dieser drei Gesetze, die er allerdings nicht vollständig ausführen konnte, weil zu seiner Zeit vor allem die Differentialgeometrie noch unbekannt war und Kepler die Planeten als intelligente Wesen angenommen hatte, deren Wechselwirkung ihm eine Art von Sympathie zu sein schien. Die damit unterstellte Fernwirkungstheorie der Gravitation verbot sich nach den von Leibniz in der Dynamik entwickelten Prinzipien indessen von selbst, so daß er sich erneut Descartes zuwendet. Wie in allen anderen Bereichen wissenschaftlicher Tätigkeit ist auch diese Bezugnahme auf cartesische Ansichten eine souveräne. Leibniz will insbesondere zwei Probleme über Descartes hinausgehend lösen: die Attraktion durch die Sonne nach dem $1/r^2$-Gesetz und die Revolution der Planeten. Diese Aufgabe darf im Leibnizschen Sinne als erfüllt angesehen werden, wenn es gelingt, diejenigen Kräfte zu berechnen, deren Wirkungen die Realität der Bewegung verständlich machen, so daß sie der mathematischen Beschreibung gleichzeitig einen dynamischen Inhalt geben. Um dies zu leisten, zerlegt er die elliptische Bewegung der Planeten um die Sonne in zwei Komponenten, eine durch den vorausgesetzten Wirbel bewirkte transversale und eine radiale Komponente, und er begreift die Wirbelbewegung zugleich als Ausdruck des Wirkens zweier entgegengesetzter, aber gleich großer Kräfte, der Gravitation und der Zentrifugalkraft, die er sich als derivative Kräfte aus den dynamischen Bedingungen des Wirbels erzeugt denkt.

Mit dieser inhaltlichen Interpretation des Systems Sonne-Planet sind alle Voraussetzungen gegeben, um allein aus der Geometrie der Bahnkurve den Term für die Zentrifugalkraft ableiten zu können. Leibniz setzt dafür die Wirbelbewegung als eine harmonische an, bei der sich die Planeten mit Geschwindigkeiten bewegen, die sich umgekehrt proportional zu den Abständen von der Sonne als Zentrum verhalten. Unter dieser Voraussetzung gilt klarerweise der Keplersche Flächensatz, der in Polarkoordinaten lautet:

$$r^2 \frac{d\varphi}{dt} = \text{const} = c. \qquad (10)$$

Daraus folgt für die transversale Geschwindigkeit:

$$v_\varphi = r \frac{d\varphi}{dt} = \frac{c}{r},$$

also die geforderte inverse Beziehung zwischen Geschwindigkeit und Entfernung. Das Maß der Zentrifugalkraft wird entsprechend der Leibnizschen

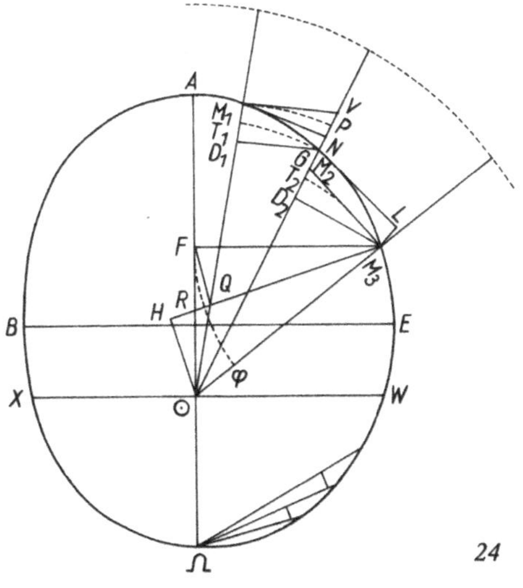

24

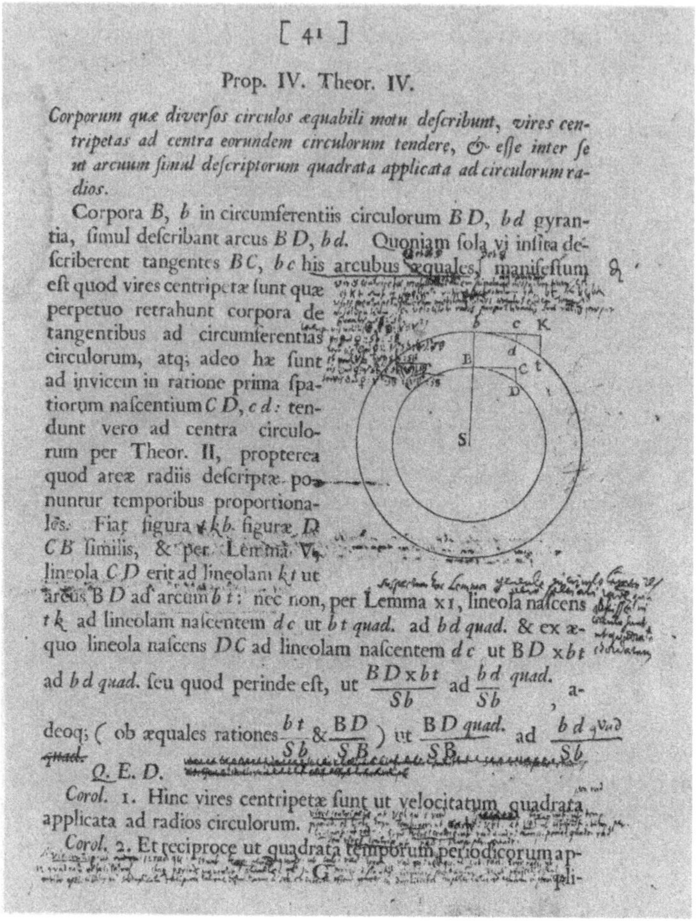

[41]

Prop. IV. Theor. IV.

Corporum quæ diversos circulos æquabili motu describunt, vires centripetas ad centra eorundem circulorum tendere, & esse inter se ut arcuum simul descriptorum quadrata applicata ad circulorum radios.

Corpora *B*, *b* in circumferentiis circulorum *BD*, *bd* gyrantia, simul describant arcus *BD*, *bd*. Quoniam sola vi insita describerent tangentes *BC*, *bc* his arcubus æquales, manifestum est quod vires centripetæ sunt quæ perpetuo retrahunt corpora de tangentibus ad circumferentias circulorum, atq; adeo hæ sunt ad invicem in ratione prima spatiorum nascentium *CD*, *cd*: tendunt vero ad centra circulorum per Theor. II, propterea quod areæ radiis descriptæ ponuntur temporibus proportionales. Fiat figura *tkb* figuræ *DCB* similis, & per Lemma V, lineola *CD* erit ad lineolam *kt* ut arcus *BD* ad arcum *bt*: nec non, per Lemma XI, lineola nascens *tk* ad lineolam nascentem *dc* ut *bt quad.* ad *bd quad.* & ex æquo lineola nascens *DC* ad lineolam nascentem *dc* ut $BD \times bt$ ad *bd quad.* seu quod perinde est, ut $\frac{BD \times bt}{Sb}$ ad $\frac{bd\ quad.}{Sb}$, adeoq; (ob æquales rationes $\frac{bt}{Sb}$ & $\frac{BD}{SB}$) ut $\frac{BD\ quad.}{SB}$ ad $\frac{bd\ quad.}{Sb}$. *Q. E. D.*

Corol. 1. Hinc vires centripetæ sunt ut velocitatum quadrata applicata ad radios circulorum.

Corol. 2. Et reciproce ut quadrata temporum periodicorum applicata ...

25 Marginalien von Leibniz zu Newtons „Principia"

Dynamik nach der Wirkung im Zeitelement d*t* geschätzt, die für einen Körper, der sich auf dem Kreisbogen M_1P bewegt, als gleichförmige Bewegung *VP* bestimmbar ist. Wie aus der Bahnkurve Abb. 24 folgt, ist die Zentrifugalkraft ebenso durch *PN* wie durch D_2T_2 ausdrückbar. Leibniz findet den gesuchten Ausdruck, indem er von (10) zu $M_3T_2 = r\mathrm{d}\varphi = c\,\mathrm{d}t/r$ übergeht, wobei *r* als der Abstand Sonne ⊙ – Planet M_2 aufzufassen ist. Mit der Näherung $M_3T_2 \sim M_3D_2$ und dem zuvor berechneten Conatus (Geschwindigkeit) der Zentrifugalkraft, D_2T_2, den Leibniz mit $(M_3D_2)^2/2r$ angibt [GM 6, S. 153], erhält er schließlich den gesuchten Term $(h^2/2r^3)\,\mathrm{d}t^2$ als Maß für die Zentrifugalkraft. Nun kann er zur Bestimmung der Beschleunigung der Planeten längs des rotierenden Radiusvektors übergehen, wobei Keplers 2. Gesetz wieder zum entscheidenden Ausgangspunkt wird. Daraus folgt nämlich, daß $M_1N = M_3D_2$ gilt, so daß die Dreiecke M_1NM_2 und M_3D_2G kongruent sind. Anschließend bestimmt Leibniz die Differenz der Radien $\odot$ M_1 und $\odot$ M_2 zu $PM_2 = NM_2 + NP = GD_2 + NP$ sowie jene der Radien $\odot$ M_2 und $\odot$ M_3, die er zu $T_2M_2 = M_2G + GD_2 - D_2T_2$ berechnet. Die Differenz dieser beiden Bilanzen ergibt unter Vernachlässigung von Differenzen höherer als 2. Ordnung den Ausdruck für die Beschleunigung:

$$\mathrm{dd}r = PM_2 - T_2M_2 = NP + D_2T_2 - M_2G = 2D_2T_2 - M_2G.$$

Da D_2T_2 als Maß der Zentrifugalkraft schon bekannt ist und $M_2G = LM_3$ die Solicitation der Gravitation bezeichnet, erhält Leibniz als Zwischenresultat:

$$\mathrm{dd}r = (c^2/r^3)\,\mathrm{d}t^2 - LM_3.$$

Indem er nun noch den Gravitationsterm berechnet [GM 6, S. 156 f.], findet er auch den Ausdruck für die Radialbeschleunigung:

$$\mathrm{dd}r = [(c^2/r^3) - (2c^2)\,/\,(ar^2)]\,\mathrm{d}t^2$$

mit a als Parameter der Ellipse. Das $1/r^2$-Gesetz der Attraktion ist damit hergeleitet. Dieses Ergebnis ist bis auf den Faktor 2 im Term des Zentrifugalanteils korrekt, und dennoch kann Leibniz in seiner Theorie das 3. Keplersche Gesetz nicht ableiten.

Die Ursache dafür ist grundsätzlicher Natur und beruht letztlich auf der Differenz von Newtonscher und Leibnizscher Dynamik. Leibniz selbst sieht ihren wesentlichen Unterschied im Nahwirkungsprinzip. Er diskutiert ihn im Zusammenhang mit der Zerlegung der Bahnkurve der Planeten in ihre Komponenten, wonach zwar auch eine Zerlegung in eine inertiale Bewegung M_2L und eine gravitative LM_3 denkbar wäre, die für Leibniz jedoch nicht real ist, da in diesem Falle die Auslenkung aus der Inertialbewegung allein durch das Angreifen der instantan wirkenden Gravitationskraft erklärt wird, während doch auch die aus der Wirbelbewegung resultierende Zentrifugalkraft berücksichtigt werden müsse.

Leibniz sieht also nicht, daß die zentrifugale Tendenz bei Newton nichts anderes als das Trägheitsphänomen selbst ist, das als Widerstand gegen die zentripetale und als Attraktion in Erscheinung tretende Kraft physikalisch real ist. Für Leibniz gibt es vielmehr ohne den Wirbel eine Zentrifugalkraft überhaupt nicht. Während bei Newton der Normzustand der Bewegung durch das 1. Axiom festgelegt ist und Kräfte nur bewegungsändernd, d.h. beschleunigend wirken, so daß der Widerstand gegen diese Veränderung als Wechselwirkung in Erscheinung tritt, steht Leibniz in der aristotelischen Tradition der Proportionalität von Kraft und Geschwindigkeit, die auch dem Wirbel zugrunde liegt. Er muß folglich jede derivative (physikalisch reale) Kraft erst dynamisch erzeugen, wodurch er deren instantane Wirkung ausschließt. Die

Zentrifugalkraft ergibt sich dabei in Anlehnung an Huygens als Wirkung des Wirbels [L 10, S. 13] und die gravitative nach der Analogie der magnetischen Attraktion als Stoßphänomen aus den Wirbelteilchen. Leibniz muß also aufgrund der individuellen Gebundenheit seines Kraftbegriffs die Wechselwirkung der Kräfte erst entstehen lassen, die bei Newton schon vorausgesetzt ist. Während Newton daher aus der Wirkung von Zentralkräften, d. h. aus seiner Gravitationshypothese, die drei Keplerschen Gesetze deduzieren kann, versagt Leibniz' Ansatz, weil er letztlich Traditionen der Impetustheorie konserviert [63] und nur durch Zusatzannahmen über die spezifische Form des Wirbels erreicht, was in der Newtonschen Theorie selbstverständlich ist.
Eine schlüssige Ableitung aller drei Keplerschen Gesetze in einer Theorie der Planetenbewegung bleibt Leibniz schuldig. Er hätte dafür den aus der Naturphilosophie längst schon ausgeschlossenen Äther rehabilitieren [36; 37] oder seine Dynamik grundlegend ändern müssen. Beides erwies sich im Rahmen seiner Metaphysik als nicht machbar.

Weitere naturwissenschaftliche Themen

Biologiehistorische Darstellungen erwähnen Leibniz meist im Zusammenhang mit botanischen Klassifikationsversuchen und der Präformationstheorie, die sich im 17. Jahrhundert beide in einer entscheidenden Entwicklungsetappe befanden. Die Botanik hatte mit der Entdeckung der natürlichen Verwandtschaft begonnen, den historischen Ballast abzuwerfen, der sie noch mit den ursprünglichen Gesichtspunkten medizinischer und pharmazeutischer Verwendbarkeit verband, während der Präformismus unter dem Eindruck der neuen mikroskopischen Beobachtungsergebnisse in einen Aufwind ungeahnter Stärke gelangte.
Beide Entwicklungen vollzogen sich nicht unabhängig voneinander. Sie hatten vielmehr in Joachim Jungius, um nur diesen von Leibniz hochgeschätzten und außergewöhnlichen norddeutschen Gelehrten zu erwähnen, einen Protagonisten, der bereits um die Mitte des 17. Jahrhunderts die Definition des Artbegriffs zur Fortpflanzung in Beziehung setzte. Was Leibniz an der vergleichenden Nomenklatur der Pflanzenteile Jungius' besonders faszinierte, waren die Methoden und Prinzipien botanischer Forschung. Gegenüber der weit verbreiteten Praxis, die Arten neu zu beschreiben, ohne bereits vorliegende Klassifikationsvarianten ausreichend zur Kenntnis zu nehmen, d. h. sich einfach den empirischen Befunden zu überlassen, bewältigte Jungius den Stoff seines botanischen Hauptwerkes „Isagoge phytoscopia" gemäß den Regeln der „Logica Hamburgensis" (Hamburgische Logik), einer Schrift, über die bereits der junge Leibniz zu sagen wußte: „Hätte er doch nur seine gesamte Logik publiziert, wir besäßen eine Art Thesaurus des menschlichen Geistes" [A VI, 1, S. 281].

In dem Versuch, von einer streng wissenschaftlichen Methodenlehre ausgehend das Studium der Botanik zu betreiben, einer Methodenlehre, die Begriffsanalyse und -synthese zu zentralen Forschungsmaximen erhebt, sieht Leibniz das Gemeinsame seiner logischen Bemühungen mit denen von Jungius [DOO II, 2, S. 169 ff.]. Dabei ist zu beachten, daß Leibniz, wenn er von Logik spricht, nicht wie die Scholastik eine extensionale, sondern eine intensionale Logik meint. Während also die traditionelle Syllogistik die Arten als in den Gattungen enthalten vorstellt, ist für Leibniz klar, daß umgekehrt die Gattungen in den Arten enthalten sein müssen. Die reichste Bestimmung ist daher für ihn die des Individuums – logisch der vollständige Begriff. Jede Begriffsanalyse kann deshalb, ist sie konsequent, diese Individualität nicht ausschließen, sie muß sie vielmehr aufheben. Für Leibniz ist es folglich überhaupt kein Problem, daß die Repräsentanten von Gattungen und Arten der Individualität nicht entbehren.
Das kommt sehr treffend in einer Anekdote zum Ausdruck, die, wenn nicht wahr, so doch wenigstens gut erfunden ist. Als Leibniz wieder einmal mit der philosophisch aufgeschlossenen Tochter der Kurfürstin Sophie, der späteren ersten preußischen Königin Sophie Charlotte, über seine Philosophie der Individualität charmant plaudernd durch den Park von Herrenhausen promenierte, hatte er wohl den Widerspruch eines Höflings herausgefordert, der vorgab, Leibniz' Theorie dadurch zu widerlegen, daß er ihm zwei völlig gleiche Hainbuchenblätter aus der Hecke heraussuchen werde. Eine Untersuchung der Frage wurde angeordnet, doch so sehr man sich auch mühte, immer größere Mengen von Blättern paarweise zu vergleichen, was beim flüchtigen Hinsehen als völlig gleich erschien, hielt einer genaueren Beurteilung nicht stand – ein schönes Bild für Leibniz' Prinzip der Identität des Ununterscheidbaren.
Individualität ist auch das Stichwort für das Verständnis des Leibnizschen Präformationsgedankens, der wie alle Wissenschaft bei ihm philosopisch fundiert ist. Die Physik bedurfte dafür der Ausarbeitung einer gänzlich neuen naturphilosophischen Theorie, der Dynamik, die über den Kraftbegriff die Übereinstimmung der Phänomene mit den metaphysischen Wesensbestimmungen des Seins sicherte. Nur auf diese Weise wurden bei Leibniz Körper und Bewegungen zu Gegenständen der Physik, sowie ihre Gesetze als wahr legitimierbar. Geht Leibniz biologisch den gleichen Weg?
Zunächst fällt auf, daß die Aggregate als Anhäufungen von Monaden zwar den physikalischen Körper plausibel machen, nicht jedoch die Existenz von Lebewesen. Um die Qualität Leben naturphilosophisch zu fassen, führt Leibniz daher einen neuen Begriff ein, den des Organismus – übrigens seit 1676 und unabhängig von der Wortprägung des Botanikers J. Evelyn [14, S. 160]. In einem seiner Altersbriefe heißt es dazu:

Ich beschränke die körperliche oder zusammengesetzte Substanz allein auf die lebenden Wesen oder auf die organischen Maschinen der Natur; das übrige sind für mich lediglich Aggregate von Substanzen, die ich Substantiierte nenne; das Aggregat ist nur ein Sein per accidens. [GP 2, S. 520]

Organische Maschine zu sein, ist daher das Charakteristische der Qualität Leben, die sich so vom bloßen Aggregat unterscheidet. Doch der moderne Leser ist von dieser Formulierung wohl eher irritiert als aufgeklärt, soll der Organismus eine Maschine sein? Um diesbezüglich Antwort zu finden, zunächst noch ein Zitat:

Die Maschinen haben ihre Zwecke und ihre Wirkungen kraft der Struktur, während die Zwecke und die Wirkungen der Aggregate aus einer Reihe zusammenwirkender Dinge entstehen, aus dem Zusammentreffen verschiedener Maschinen. [DOO, II, 2, S. 144]

Die Maschine scheint wirklich der Begriff zu sein, mit dem sich die biologische wie physikalische Wirklichkeit entschlüsseln lassen, und in der Tat spricht Leibniz von der natürlichen als einer göttlichen Maschine, nur, der Maschinenbegriff, der hier zugrunde gelegt wird, ist nicht der des Artefakts, einer künstlichen Maschine, nach der das Weltganze zurechtgemacht ist. Umgekehrt muß geklärt werden, wie ausgehend von natürlichen Maschinen künstliche möglich werden. Ihr Unterschied besteht grundsätzlich darin, daß ein organischer Körper, also eine göttliche Maschine, in allen ihren Teilen Maschine ist, eine durch menschliche Kunst verfertigte jedoch nicht,

so hat z. B. ein Zahn eines Messingrades Teile oder Stückchen, die für uns nichts Kunstvolles mehr enthalten und denen man nichts von der Maschine anmerken kann, für die das Rad bestimmt war. [L 12, 2, S. 450 f.]

Worin aber besteht dann die Eigenart des Biologischen als organische Maschine?

Es ist die besondere Struktur, d. h. die Organisationsform des Organischen, die den wesentlichen Unterschied zum bloßen Aggregat ausmacht. Wesentlich aber heißt bei Leibniz nicht äußerlich, sondern metaphysisch und damit den Phänomenen Realität gebend. Läßt sich daher der Dynamik entnehmen, auf welche Weise die Gegenstände der Physik als Aggregate von Monaden wohlfundiert sind, so reicht dies für die Biologie nicht mehr aus. Der Organismus ist eine Struktur von privilegierter Art, indem er eine Synthese des Ganzen und seiner Teile realisiert, die – monadologisch gesprochen – durch eine herrschende Entelechie ausgezeichnet ist, also durch eine Einheit, die sich nicht aus separierbaren Teilen zusammensetzen läßt, weil das so bestimmte Ganze eben mehr ist als die Summe seiner Teile. Mit dieser metaphysischen Fundierung des Organismusbegriffs kann Leibniz sofort Ergebnisse seiner Philosophie für das Verständnis der Lebensprozesse fruchtbar machen.

Grundlegender Ausgangspunkt für Leibniz ist die Feststellung, daß die Monaden, d. h. die substantiellen Einheiten, nicht auf natürliche Weise entstanden sind oder vergehen können, sondern in einem Schöpfungsakt erzeugt wurden. Dieses Grunddogma der Leibnizschen Metaphysik hat biologisch weitreichende Konsequenzen. Es bedeutet zunächst, „daß die Maschinen der Natur unzerstörbar sind, da sie bis in ihre kleinsten Teile Maschinen bleiben" [L 12, 2, S. 70]. Anders ausgedrückt können organische Körper und mit ihnen die herrschenden Entelechien, im Tierreich also die Seelen der Tiere, weder entstehen noch vergehen. Nimmt man dies an, so ist der Präformationsgedanke nur noch eine Frage der Folgerichtigkeit. Wenn nämlich das System der Monaden ein für allemal festliegt, so vermögen diese zwar das ihnen eingeschriebene Programm zeitlich auszuleben, Neues jedoch entsteht nicht. Nun beobachtet man aber gerade in der organischen Welt Entstehen und Vergehen, Wachstum und Stagnation, wie ist dies im Rahmen der Leibnizschen philosophischen Grundentscheidung erklärlich? Hier greift der Gedanke der Präformation ein. Nach Leibniz entsteht ein organischer Naturkörper niemals aus dem Chaos, sondern immer nur aus Samen. Er ist gleichsam eingefaltet zusammen mit der Seele schon im Samen präsent, so daß die Empfängnis nur die Voraussetzungen und Bedingungen für eine große Umbildungsphase einleitet, wodurch ein anderes, indes nicht neues Geschöpf entsteht. Es liegt in der Konsequenz des Leibnizschen Systems, daß mit der Neuerzeugung auch der Tod als realer Zustand ausgeschlossen wird.

Nun weiß Leibniz natürlich auch, daß die Reproduktion der Individuen keine identische ist. Das bedeutet in seinem Kontext: Die Körper befinden sich in einem ständigen Ab- und Zufluß, und die Seele wechselt somit ihren Körper keinesfalls sprunghaft, sondern stufenweise, so daß sie nicht auf einen Schlag aller ihrer Organe beraubt wird:

> Denn warum sollte die Seele nicht stets einen feinen, auf seine Weise organisierten Körper beibehalten, der sogar eines Tages bei der Auferstehung imstande sein mag, die sichtbare Form seines früheren Körpers, soweit nötig, wieder anzunehmen. [L 12, 2, S. 55]

Dann aber geht er noch einen Schritt weiter. Er erweitert seine Evolutionstheorie über die Grenzen des Individuums hinaus und gelangt zu „einer Art phylogenetischer Theorie" [52, S. 222], wenn er aufgrund extremer regionaler Bedingungen einen Wechsel der Tierarten thematisiert, der zu einer Differenzierung innerhalb einer Spezies führen kann, die, um ein Beispiel zu nennen, aus der ursprünglichen Katze Löwe, Tiger und Luchs entstehen läßt. Zur empirischen Absicherung dieser Ergebnisse beruft sich Leibniz immer wieder auf Swammerdam, Malpighi und Leeuwenhoek. Ihre „Transformationen" hätten ihm die Annahme erleichtert, daß die Existenz einer organischen Substanz nicht da anfängt, wo sie der bloße Augenschein sehen will.

Mit dieser Bemerkung hat er seine biologischen Ansichten auf das gleiche methodologische Fundament gestellt wie die physikalischen, denn er gibt den empirischen Gegebenheiten dadurch Realität, daß er sie metaphysisch über das Monadenkonzept begründet, wobei er analog dem Körperbegriff der Dynamik eine neue naturphilosophische Struktur, den organischen Körper, einführt, mit dem er die Eigenart des Biologischen erfaßt. Es liegt in der Natur der Sache, daß Leibniz mit dieser Art von Argumentation den gleichen Anspruch auf Wahrheit erhebt, den er auch für seine Physik eingefordert hat, und daß er deshalb parallel zum Ausschluß der Gravitation als Fernwirkung biologisch Erklärungsmuster wie Seelenwanderung und Lebenskraft als philosophisch nicht akzeptabel abweist.

Das Leibnizsche System ist für die Entwicklung der botanischen und zoologischen Forschung des 18. Jahrhunderts nicht ohne Relevanz geblieben. Leibniz selbst hat noch bezugnehmend auf Johann Hudde die Existenz von Zwischengliedern in der großen Kette der Wesen vorausgesagt [L 12, 2, S. 78] und im Rahmen seiner erdgeschichtlichen Untersuchungen paläontologische Konsequenzen gezogen. Das vieldiskutierte Problem und Lieblingsthema seiner Zeit, die Fossilien, nehmen daher in Leibniz' „Protogaea", jener Darstellung, in der er sich am ausführlichsten zu geologischen und paläontologischen Fragen äußert, einen gewichtigen Platz ein. Und wie so oft, versucht Leibniz auch in diesem Falle nicht die Debatte durch einen Beitrag zu bereichern, der ihre Palette nur noch bunter macht oder einen neuen Schwerpunkt in die Diskussion einbringt.

Mit Leibniz' Arbeitsweise nun schon einigermaßen vertraut, werden wir einen Ansatz erwarten, der von grundsätzlichen metaphysischen und methodentheoretischen Überlegungen ausgehend, die unterschiedlichen Standpunkte nach ihren gemeinsamen Voraussetzungen befragt, um sie als besondere Ansichten eines tieferliegenden wesentlichen Zusammenhangs zu begreifen. So wichtig seine geologischen Untersuchungen für das Gesamtanliegen des Harzprojektes daher auch gewesen sein mögen, und wie tiefgehend die Lektüre des „Prodromus" Niels Stensens, d. h. des „Vorläufigen Berichts von einer Abhandlung über das Feste, das im Festen enthalten ist", Leibniz' paläontologisches Weltbild geprägt haben mag (mit den Festen im Festen sind übrigens Fossilien, Kristalle usw. gemeint), er wurde dadurch ebensowenig zur Niederschrift eigener Überlegungen veranlaßt wie durch die persönlichen Gespräche mit dem herausragenden Anatomen und Naturforscher Stensen, der 1677 als apostolischer Vikar in Hannover eintreffend, Leibniz hinreichend Gelegenheit für Dialoge und Kontroversen bot. Die Abfassung seiner „Protogaea" fällt vielmehr in die frühen neunziger Jahre, und sie ist nicht als eigenständige naturwissenschaftliche Arbeit konzipiert, sondern als Einleitung in die Geschichte des Hauses und Landes Braunschweig-Lüneburg. Ihre ersten Sätze schon sind programmatisch:

> Von großen Dingen ist auch eine geringe Kenntnis wertvoll. Wer daher vom ältesten Zustand unseres Landes beginnen will, muß auch etwas über das erste Aussehen der Erde und über die Natur und den Inhalt des Bodens sagen. [L 9, S. 6]

Als Johann Georg Eckhart, Leibniz' Sekretär und Nachfolger als Bibliothekar in Hannover, die Schrift 1719 der Pariser Akademie zur Begutachtung vorlegt, erhält er die Antwort:

> Das Werk ist des Namens seines Autors würdig und würdig, an der Spitze einer Braun-

schweigischen Geschichte zu stehen. Es wäre dringend zu wünschen, daß alle Geschichtswerke ähnlich eingeleitet würden und ähnliche Darstellungen des alten Zustandes des Landes enthielten. [54, S. 118]

Die Historiographie tritt uns hier als Universalgeschichte entgegen, als Geschichtskonzept, das sich nicht mit politischen und kulturellen Befunden zufrieden gibt, vielmehr geographische, geologische, im weitesten Sinne natürliche und technische Entwicklungen einbezieht, also die These der „Monadologie" von einer moralischen Welt in der natürlichen historisch ausführt und damit auch die allgemeinen Methodenüberlegungen und Maßstäbe wissenschaftlicher Forschung für diesen Gegenstandsbereich als gültig anerkennt. Es versteht sich, daß Universalgeschichte mit solchem Anspruch von einer reichen Quellen- und Detailforschung lebt.

Ende Oktober 1687 bricht Leibniz daher zu einer fast dreijährigen Reise nach Süddeutschland, Österreich und Italien auf, um unbekannte historische Dokumente zum Ursprung des Welfenhauses ausfindig zu machen. Den politischen Hintergrund dieses Unternehmens, bei dem es um den quellengeschichtlichen Nachweis eines gemeinsamen Ursprungs der Welfen, von denen die Hannoveraner Herzöge ihre Herkunft ableiteten, und der Este ging, bildeten staatsrechtliche Gutachten, die im Streit um die Erlangung der Kurwürde für das Haus Hannover und für die englische Erbfolge auszuarbeiten waren. In beiden Fällen haben Leibniz' historische Recherchen sowie seine exzellente juristisch-politische Argumentation den Erfolg mit bewirkt. Das von Leibniz dafür bewältigte Arbeitspensum muß immens gewesen sein. Nicht selten habe er, wie man Briefen an Otto Grote entnimmt, die Nacht zum Tag gemacht, um sich durch Berge von Dokumenten zu arbeiten. Kaum ein Archiv von Belang, kaum eine Bibliothek in Klöstern, Fürstenhöfen oder Bischofssitzen wurde ausgelassen, auch die des Vatikans nicht. Gewaltige Konvolute von Akten und Urkunden waren durchzusehen, bis er schließlich feststellen konnte: „Habe demnach die wahre Connexion der beyden Durchleüchtigsten Haüser Braunschweig und Este vollkomlich ausgemacht, und gefunden" [A I, 5, S. 666].

Und wenn er zu diesem Zweck auch das wohl umfangreichste Material zusammentrug, das zu seiner Zeit für ein historisches Problem kollationiert worden war, so reichte es dennoch nicht, um die Talente eines Leibniz zufriedenzustellen. Die Reise wird nach dem Mißerfolg des Harzprojektes vielmehr zu einem Neuanfang, der sich hinsichtlich seiner Produktivität nur mit dem Parisaufenthalt messen kann. Wen wird es da wundern, wenn Leibniz dem Augenblick Dauer verleihen will und sich um die Anstellung als Kaiserlicher Hofhistoriograph bemüht. Es gelingt ebensowenig wie 1676 in Paris. Die Zeit vom Oktober 1687 bis zum Sommer 1690 markiert dessen ungeachtet eine Zäsur in Leibniz' Biographie, für die Lebens- und Arbeitsbedingungen charakteristisch sind, unter denen sich Interessen und Haltungen, aber auch Hoffnungen und Wünsche weithin frei entfalten können.

Schon auf der ersten Station der Reise, in Hildesheim, finden wir Leibniz an einem Tag im Gespräch über Reunionsfragen und bei der Besichtigung der Naturaliensammlung Friedrich Lachmunds. In Frankenberg beherrschen Gespräche über John Barclay, Henry More und François Mercure van Helmont die Szene. In Marburg sind es physikalische Experimente, beim Landgrafen Ernst von Hessen-Rheinfels Fragen der Reunion, Frankfurt am Main schließlich bringt die Erneuerung der Bekanntschaft mit dem Orientalisten Hiob Ludolf und ein Gespräch über eine Konfuzius-Ausgabe der Jesuiten. Erste Hinweise auf historische Urkunden folgen. Silvester ist Leibniz in Nürnberg. Mit Crafft werden wie immer technische Neuerungen, aber auch Fragen der Erzgewinnung, der Goldwäscherei und Farbherstellung besprochen. Leibniz ist überwältigt von Regensburg, der Stadt, in der der „Immerwährende Reichstag" seine Sitzungen abhält, und Augsburg endlich wird zum Ort der Entdeckung vom gleichen Ursprung der Welfen und der Este im April 1688. Weiteren Aufschluß konnten jetzt nur noch Dokumente in Venedig und Modena geben. Leibniz entschließt sich daher, unter allen Umständen nach Italien zu reisen. Auf diesem Wege wird jedoch erst einmal Wien zu seinem Domizil. Eine Audienz beim Kaiser wird ihm gewährt, und Leibniz erhält Gelegenheit, ausführlich seine Vorschläge und Pläne vorzutragen. Seit dem Tode Johann Friedrichs kann er erstmals wieder seinen Ideen freien Lauf lassen, darunter Münzreform, Neuordnung des Geldwesens, Verbesserung des Handels und der Leinenmanufaktur, Einrichtung einer Versicherungskasse zur Erhebung einer freiwilligen „Christlichen Türkensteuer", Aufbau eines zentralen Reichsarchivs und Einrichtung einer universalen Handbibliothek. Diese Aufzählung allein vermittelt schon einen ungefähren Eindruck von dem, was Leibniz neben Archivstudien, Bibliotheksbesuchen und offiziellen Aufträgen noch bewegte. Doch auch mehr oder weniger Persönliches kam hinzu. So bat ihn die Herzogin Sophie, sich dafür einzusetzen, daß ihr am kaiserlichen Hof als Offizier dienender Sohn zum General befördert wird. Am 16. Januar 1689 erhält er dann endlich die Genehmigung von Franz II. von Modena, das Hausarchiv der Este für genealogische Forschungen zu nutzen. Der Weg nach Italien war nun frei. Er führte über Venedig, Bologna und Loreto zunächst nach Rom. Über eine Küstenfahrt auf Lagune und Meer berichtet Eckhart:

> Von Venedig ging Leibniz in einer kleinen Barke ganz allein an der Küste hin zur See. Es überfiel ihn dabei ein gräßlicher Sturm. Oft hat er mir erzählt, daß die Schiffer, in der Meinung, daß er ihre Sprache nicht verstehe, sich in seiner Gegenwart dahin verständigten, ihn über Bord zu werfen und seine Sachen unter sich aufzuteilen. Er habe sich nichts anmerken lassen, einen Rosenkranz, den er bei sich hatte, hervorgeholt und getan, als ob er betete. Darauf erklärte einer von den Bootsleuten: weil er sähe, daß der Mann kein Ketzer wäre, könnte er es nicht übers Herz bringen, ihn töten zu lassen. So sei er mit dem Leben davon gekommen und bei Mesola an Land gegangen. [47, S. 95]

Rom wird zum Ausgangspunkt einer Reise nach Neapel, in deren Verlauf Leibniz den Vesuv besteigt. Dem sommerlichen Intermezzo folgte im Herbst die Aufnahme als Mitglied in die Accademia fisicomathematica in Rom. Für die Mitglieder dieser Akademie schrieb er seinen „Phoranomus seu potentia et legibus naturae" (Bewegungslehre oder über die Kraft und die Gesetze der Natur), einen Dialog, in dessen Einleitung er das copernicanische System verteidigt und die Entwicklung seiner Dynamik Revue passieren läßt. Als Leibniz im November 1689 erstmals Newtons „Principia" in die Hand bekommt, entschließt er sich noch in Italien zur Abfassung der umfänglichen Abhandlung „Dynamica de potentia et legibus naturae corporeae" (Von der dynamischen Kraft und den Gesetzen der körperlichen Natur) über die Grundbegriffe und die Gesetze der Bewegung.

Nun beginnt die letzte Etappe seiner Reise. Im November bricht Leibniz von Rom aus über Florenz und Bologna nach Modena auf. Florenz bringt ihm die Bekanntschaft des Galilei-Schülers Vincenzo Viviani, der sich von Leibniz' Infinitesimalmathematik tief beeindruckt zeigt. Bologna beherbergt den weltberühmten Anatomen Marcello Malpighi, dem Leibniz seine Reverenz erweist. In Modena aber beginnt „2 monath nach einander, über 12 Stunden" [A I, 7, S. 59] die Herkulesarbeit der Durchsicht zahlloser Akten und Urkunden. Über Wien, Prag, Dresden, Leipzig (ohne Aufenthalt) führt der Weg schließlich zurück nach Hannover. Es war eine Zeit ungetrübter Entdeckerfreude, eine Zeit der Entspannung und des Erfolgs für Leibniz. Freilich erfüllten sich manche Hoffnungen, wie die, sich der Befehlsgewalt Hannovers zu entziehen, nicht. Die uneingeschränkte Anerkennung durch die scientific community seiner Zeit eröffnete jedoch dem leidenschaftlichen Korrespondenten Leibniz auch von Hannover aus neue Forschungs- und Betätigungsfelder. Das Urteil Bernardino Ramazzinis gegenüber Antonio Magliabechi mag dafür als repräsentativ stehen. Er schreibt am 3. 2. 1690:

> Leibniz ist der erste Schriftsteller unseres Jahrhunderts. Es ist mir bisher kein Mensch begegnet, der gelehrter und mit allen Gebieten des Wissens vertrauter war als er und der so gründliche Kenntnisse besaß. [A I, 5, S. 685; 47, S. 101 f.]

Im Juni 1690 ist Leibniz wieder in Hannover, wo er im Herbst Ernst August den Reisebericht über die für die Welfengeschichte erzielten Forschungsergebnisse zu erstatten hat. Am 10. Oktober wird ihm die Leitung der Wolfenbütteler Bibliothek übertragen, und im Januar des nächsten Jahres liegt dem Herzog der Entwurf der Welfengeschichte vor, die er bis 1693 glaubte abschließen zu können. Doch die Fülle des historischen Materials widersetzte sich einer Reduktion auf den ursprünglichen Plan. Es konnte nur bewältigt werden, wenn darauf verzichtet wurde, eine der üblichen Fürstengeschichten zu schreiben und man statt dessen eine aus den Quellen entwickelte historische Darstellung anvisierte, in der die niedersächsische Natur- und Urgeschichte mit einbezogen war. Das ist die Geburtsstunde der „Protogaea". Als Darstellungsform des Gesamtvorhabens wurde die der Annalen gewählt, der als erste große Sammlung von staatsrechtlichen Urkunden zur europäischen Geschichte der „Codex iuris gentium diplomaticus" parallel laufen sollte. Zu seinen Lebzei-

ten veröffentlichte Leibniz jedoch nur Teilergebnisse seiner Forschungen zur Vor- und Frühgeschichte. Auch die „Protogaea“ wurde erst postum herausgegeben. Sie markiert zusammen mit den erwähnten Arbeiten Stensens den Einzug der historischen Methode in die Geologie. Interessant auch hier der Unterschied zu dem naturwissenschaftlich arbeitenden und primär nicht mit Naturphilosophie befaßten Niels Stensen. Während dieser geologisch ohne Umschweife zur Sache kommt und die Geschichte der Erde aus den empirischen Befunden entwickelt, kann Leibniz die metaphysische Grundlegung nicht entbehren. Führte er in der Dynamik zu diesem Zweck primäre und derivative Kräfte ein, so bemühte er sich in der „Protogaea“ mit dem gleichen Ziel um die Fixierung allgemeiner und besonderer Ursachen.
Die Argumentation verläuft zunächst streng metaphysisch: Gott erschafft nichts Gestaltloses. Alles in der Natur, sei es nun Wachstum oder die Anhäufung von Teilchen zu Aggregaten, entsteht in regelmäßiger Gestalt. Das gilt auch, und damit beginnt die eigentliche erdgeschichtliche Skizze, für den ehemals flüssigen Erdball, der folglich in diesem Zustand ohne die Unebenheiten von Bergen gewesen sein muß. Da es den allgemeinen Gesetzen der Körper entspricht, wie Leibniz nun auf physikalische Kenntnisse bezugnehmend schließt, daß Festes durch Abkühlen aus Flüssigem hart wird, hat er mit diesem Hinweis zugleich eine der allgemeinen Ursachen benannt. Sie bewirkt an dem Urzustand der Erde eine Verschlackung, die aufgrund von Ungleichmäßigkeiten bei der Abkühlung zu Blasen und Hohlräumen von erheblichem Ausmaß in der so entstehenden Erdkruste führt. Die Folge der damit verbundenen Temperaturabnahme ist eine Kondensation des Wasserdampfes der Gashülle, d. h. eine flächendeckende Überflutung des gesamten Erdballs (Sintflut). Diese Wassermassen konnten sukzessive durch die Hohlräume aufgenommen und so das Festland trockengelegt werden. In diesem Zusammenhang macht Leibniz auf eine zweite, für die Bildung der Gesteine wesentliche allgemeine Ursache aufmerksam und schreibt:

Ich zweifle aber nicht, daß die über die Erdoberfläche rinnende Flüssigkeit, sobald Ruhe eingetreten war, aus den losgerissenen Teilchen eine ungeheure Stoffmasse abgelagert hat. Daraus bildeten sich zum Teil die verschiedenen Arten des Erdreichs, ein anderer Teil erhärtete zu Gesteinen, deren verschiedene übereinander gelagerte Schichten die verschiedenen Wechsel und Pausen der Fällungen anzeigen. [L 9, S. 19]

Darüber hinaus führte der Einsturz von Höhlen zu Lagerungsstörungen. Diese primären Ursachen reichen freilich nicht aus, um die ganze Natur des Bodens und jede Unebenheit der Erde zu erklären. Als besondere Ursachen, die jedoch nicht unabhängig von den allgemeinen zur Wirkung kommen, bezieht Leibniz daher kleinere Feuersbrünste, Überschwemmungen, gelegentliche Meeresdurchbrüche, Talverschüttungen Bergstürze und vulkanische Ereignisse mit ein.
Auffallend an Leibniz' Darstellung ist, daß er nicht nur metaphysische als allgemeine Ursachen zuläßt, sondern jene allgemeinen Gesetze der Körper,

die Gegenstand der Physik sind, und daß er gerade dadurch eine neue Wissenschaft, die Naturgeographie konstituiert [L 9, S. 19]. Die Unterscheidung von allgemeinen und besonderen Ursachen ist somit für jede Wissenschaft konkret zu treffen. Da in jedem Falle aber metaphysische Ursachen als die letztendlichen allgemeinen Ursachen gelten, entsteht ein reich gegliedertes Wissenschaftssystem, das bei aller disziplinären Auffächerung der metaphysischen Einheit niemals entbehrt und diese auch bezüglich jeder besonderen Wissenschaft zur Geltung bringt. So beruht die von Leibniz als Naturgeographie bezeichnete erdgeschichtliche Theorie nicht allein auf physikalischen Voraussetzungen.

In sieben Kapiteln behandelt Leibniz die Entstehung von Metallen, Erzen und Erzgängen, ohne dafür endgültige Lösungen anbieten zu wollen. Die Ursachen dafür sind grundsätzlicher Art. In Leibniz' Naturbild ist der Vergleich mit den Künsten ein tragender Gedanke. Die ganze Natur ist eine große Kunst, aber eine göttliche, und das bedeutet, daß es nicht so sehr darauf ankommt, ob ein vulkanischer Dädalus die Dinge in einem Ofen erzeugt hat oder ein Steinbrecher sie aus der Erde holt – das entscheidende ist der Entstehungszusammenhang. Seine Unkenntnis bewirkt die Unsicherheit des wissenschaftlichen Urteils. So liest man in der „Protogaea":

> Ich will zwar über die künstliche Neuerzeugung von Metallen oder nicht zusammengesetzten einfachen Körpern nichts behaupten, noch wage ich zu entscheiden, ob je einer Gold, Silber, Quecksilber oder auch ein Salz neu erzeugt oder wirklich vernichtet hat; doch glaube ich, ... die Natur selbst bei der Hervorbringung dieser ihrer Früchte zu ertappen; denn meistens sammelt und enthüllt sie nur die längst schon anderswo gebildeten. [L 9, S. 43]

Leibniz' „Monadologie" favorisiert daher zwar, wie in der Biologie auch, das Postulat des Wachstums gegenüber der Neuerzeugung, doch bedarf das Erfahrungsurteil neben der naturphilosophischen Hypothese einer empirischen Fundierung, deren zeitgenössische Faktenlage noch keine eindeutige Entscheidung zuläßt. Und obwohl es Einzelergebnisse gibt, Leibniz verweist auf die künstliche Herstellung von Zinnober aus Schwefel und Quecksilber, können diese in ihrer Gesamtheit kaum mehr als Anzeichen für die Gemeinsamkeiten von Natur und Labor sein. Die „Protogaea" bietet daher mehr einen Querschnitt durch Leibniz' chemisches, mineralogisches und geologisches Wissen, einschließlich seiner Kenntnis der deutschen Mineral- und Erzlagerstätten, als daß sie sich als theoretisch und empirisch geschlossene Darstellung versteht. Das war in dieser Zeit auch kaum anders möglich. Die Chemie des 17. Jahrhunderts war ja längst nicht als selbständige Disziplin ausgeprägt. Pharmazeuten, Mineralogen und Mediziner waren gleichzeitig Chemiker und die Bewährungsfelder der Chemie daher vorrangig Mineralogie und Iatrochemie. Im Leibniz-Nachlaß findet sich dafür mit dem Verzeichnis, „an welchen Orten die Metalla und Minera als materien zu operationibus chymicis anzutreffen und zu finden", ein beeindruckendes Dokument [50, S. 230]. Es wird ergänzt durch die „curiosen anmerckungen“ [KW I, 5, S. 381 ff.] zu der großen Reise nach Süddeutschland und Italien, in denen Leibniz mitteilt: „Ich habe keine Gelegenheit versäumt, allerhand Berg-, Salz-, Hütten-, Blech-, Hämmer- und dergleichen wercke, so nicht alzu abgelegen gewesen, auff meiner route zu besichtigen“, um neue Arbeitsmethoden, Verfahren und Techniken kennenzulernen, zu analysieren und auf ihre Nutzanwendung hin zu prüfen.

Wie Hermann Peters einschätzt, war Leibniz im Rahmen dieser Voraussetzungen auf allen Gebieten der reinen und angewandten Chemie seiner Zeit zu Hause sowie mit den grundlegenden Versuchen, Techniken und Methoden der chemischen Praxis vertraut. Das trifft insbesondere auf das legitime Anliegen der Chemie des 17. Jahrhunderts zu, das Problem der Transmutation, d. h. der Umwandlung unedler Metalle in Gold zu lösen, das auch Leibniz' chemische Ambitionen lebenslang mitbestimmte.

Durch einen Kunstgriff, mit dem er sich als Adept der Goldmacherzunft empfahl, bekam er schon mit zwanzig Jahren Zugang zur Gesellschaft der Nürnberger Alchimisten um Wülfer. Einige Jahre später schloß er mit Crafft einen Vertrag zur gemeinsamen Finanzierung praktischer Transmutationsversuche, deren Gewinn man sich teilen wollte. Im Briefwechsel mit Schuller fehlt neben vielen anderen Themen selbst ein Rezept zur Goldbereitung nicht, und 1693 schließlich will Math. Starck aus Freiberg von Leibniz Geldvorschüsse für geheimnisvolle chemische Arbeiten erhalten haben. Und doch hat Leibniz im Verlaufe seines Lebens die Akzente hinsichtlich der Alchemie deutlich verschoben. Schon 1687 notiert er: „habe noch nie mit grunde erfahren können, daß ein einig Alchymistisch Concept im großen zu stande kommen“ [KW I, 5, S. 392]. Der Preußischen Königin Sophie Charlotte teilt er im Dezember 1701 bezugnehmend auf Versuche Johann Friedrich Böttgers am sächsischen Hof mit: „die Jahre werden sich vervielfältigen und nicht das Gold“ [KW I, 10, S. 111]. Dennoch rät er zur Einrichtung eines Laboratoriums, da die große Menge an Kuriositäten, die man bei der Suche nach dem Stein der Weisen finden würde, den größten Goldstücken vorzuziehen sei. Diese Bemerkung enthält eine knappe situative Beschreibung der Chemie und insbesondere der Transmutationsproblematik des 17. Jahrhunderts. Beobachtungen aus chemischen Operationen in Labor und Technik, aber auch im Bergbau schienen die Transmutation als Erklärungsmuster zu favorisieren, da der gegenteilige Beweis mit ausschließlich chemischen Methoden nicht zu erbringen war. Das aber ist der Punkt, an dem Leibniz die Vorteile seines Methodenkonzepts ins Feld führen kann. Für ihn greift der Versuch, den Beweis mit chemischen Methoden allein zu führen, von vornherein zu kurz, da er metaphysischer und d. h. bei ihm theoretischer Ausgangsprämissen ermangelt. Rein empirisch kann man nach Leibniz die gegenteilige Hypothese nicht begründen, theoretische Stringenz hat sich vielmehr mit einer signifikanten Datenbasis zur wissenschaftlichen Erfahrung zu läutern, deren Konstituierung für Leibniz entscheidend von der Sicherheit der Experimente abhängt. Er hat sich daher Fragen der Umwandlung von Metallen, Reduktionen von Erzen, Festkörper–Gas–Reaktionen, wie das oberflächliche Anfärben von Metallen (Amalgamierung), und Festkörper–Flüssigkeits–Reaktionen, die man von der Glas- und Keramikherstellung kannte, umfassend gewidmet. Wenn man so will, ist selbst die von Leibniz verfaßte Geschichte der Phosphorentdeckung in diesen Kontext einzuordnen. Danach war der Entdecker Henning Brand, wie Leibniz im Gegensatz zu einer gegen Ende des 17. Jahrhunderts verbreiteten Legende darstellt,

> auf ein chemisches, noch in einem Druckwerke vorhandenes Verfahren geraten, nach welchem aus Urin eine Flüssigkeit gewonnen wird, geeignet, die Verwandlung des Silbers in Gold zu beschleunigen. Hierbei erfand er den Phosphor. [49, S. 198 f.]

Der geschäftstüchtige Crafft unternahm es, Brands „kaltes Feuer" bekannt zu machen und zum Verkauf zu bringen. So gelangte es auch nach Hannover, wo Johann Friedrich den Befehl gab, den Erfinder kommen zu lassen. Ein Vertrag wurde geschlossen, nach dem Brand gegen ein festes Jahresgehalt die Vorschrift zur Phosphorbereitung preisgeben und über weitere Erfindungen und chemische Geheimnisse Korrespondenz führen sollte.

Leibniz erwies sich als begabt genug, um das Verfahren, nachdem er es bei Brand erlernt hatte, in einem anderen Laboratorium mit Erfolg anzuwenden. Man benötigte dazu eine große Menge (eine Tonne) Urin, der bis zur Dickflüssigkeit eingekocht, dann in eine Retorte getan und zur Trockne abgedampft wurde. Das Destilliergefäß wurde nun zerschlagen und die lockere schwarze Masse, die sich über den am Boden des Gefäßes abgesetzten Salzen befand, in einer Steinretorte verschlossen. 16 Stunden lang wurde diese nun unter ständig erhöhter Wärmezufuhr erhitzt, bis der Phosphor sich leuchtend wie Bernstein in dem Glaskolben ablagerte, mit dem die Retorte vorher verschlossen worden war [49, S. 209]. Die Ausbeute bei diesem Verfahren war äußerst gering und an eine von Leibniz sogleich ins Auge gefaßte kommerzielle Nutzung nicht zu denken. Der ehemalige Laborant Robert Boyles, Ambrosius Gottfried Hanckewitz, arbeitete in England wesentlich effektiver und konnte sich daher bald ein lukratives „Exportmonopol" für diese Chemikalie sichern.

Mit der manufakturellen Herstellung des Phosphors war aber seine Natur längst nicht aufgeklärt. Brand selbst betrachtete ihn als eines der vier aristotelischen Elemente (des Feuers), und Leibniz, der zwar mit leichter Ironie über die Erklärungen der Cartesianer spöttelte [49, S. 196 f.], trug mit seiner Hypothese, wonach es sich um eine unbekannte Materie handeln sollte, die mit dem Licht- und Brennstoff verbunden sei, auch nicht sehr zur Erhellung bei. So mußten noch rund einhundert Jahre vergehen, bis Antoine Laurent Lavoisier den Phosphor als chemisches Element nachweisen konnte.

Neben den vielen chemischen Erwägungen sind bis heute die paläontologischen Ansichten der „Protogaea" von besonderem Reiz. Leibniz vertritt mit

Stensen den Standpunkt, daß es sich bei den Fossilien um organische Gebilde, d. h. um versteinerte Reste von Lebewesen handelt. Während seiner Harzreisen hat er vor allem die fossilen Fische im Kupferschiefer des Harzvorlandes ausgiebig untersuchen können. Leibniz beschreibt ihre Vielfalt und Detailtreue. Er zeigt sich fasziniert von den immer wieder neuen Entdeckungen eines scheinbar schlagartig erstarrten reichhaltigen Lebens. Da ist ein großer Hecht „mit gebogenem Körper und offenem Maul, als wäre er lebend ergriffen worden“ [L 9, S. 65]. Meeresfische kommen zum Vorschein. Leibniz glaubt einen Barsch, eine Barbe und einen Weißfisch in Händen zu haben, wie wir heute wissen, Nachfahren jener Artenvielfalt des Perm vor rund 200 Millionen Jahren. Welche wissenschaftliche Erklärung hat Leibniz für dieses Naturschauspiel?

Eines ist ihm klar. Die nur an die sinnliche Vorstellungskraft appellierenden „Märchen“ eines Athanasius Kircher oder Johann Joachim Becher, d. h. die Deutungsmuster der Physikotheologie „über wunderbare Spiele der Natur und eine bildende Kraft“ [L 9, S. 95], sind wissenschaftlich höchst zweifelhaft, da sie Einbildungen und nur halb angeschaute Dinge für die Sache selbst nehmen. Leibniz argumentiert mit dem Hinweis auf die vorher explizierte Geschichte der Urerde:

> Wie aber, wenn wir sagen, daß ein großer See mit seinen Fischen durch eine andere mächtige Ursache mit Erde verschüttet wurde, die dann zu Stein erhärtet die Reste der eingepreßten Fische bewahrte, die wie erhabene Bilder der zuerst weichen Masse eingeprägt und schließlich, als die tierischen Überreste längst zerstört waren, mit metallischem Stoff ausgefüllt wurden? [L 9, S.67]

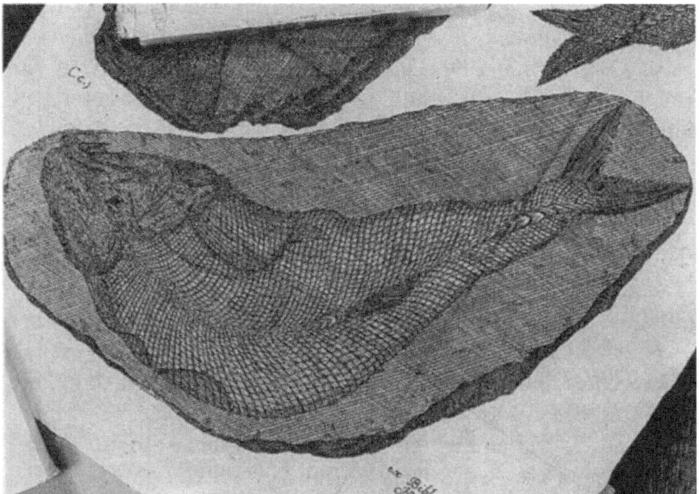

26 Fisch in Kupferschiefer

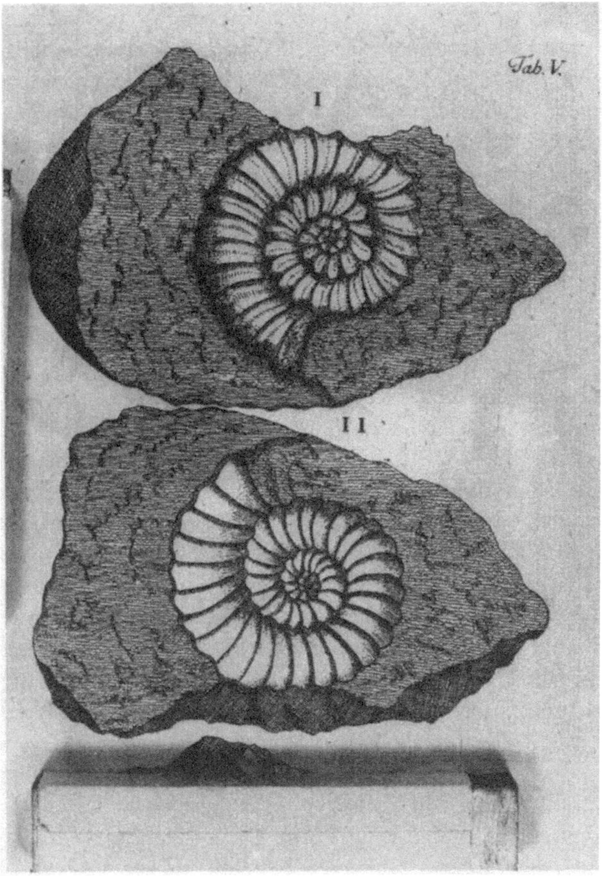

27 Ammoniten

Das ist nicht nur eine aus der Sicht des Leibnizschen Methodenstandards stringente Lösung, sondern zugleich eine streng naturwissenschaftliche, die ihn bei aller Hochachtung für Niels Stensen doch ein anderes Ziel wissenschaftlicher Forschung anvisieren läßt. Meinte dieser, mit seinen naturwissenschaftlichen Arbeiten den Glauben an die Heilige Schrift mit natürlichen Argumenten und nicht ohne Nutzen für die Frömmigkeit untermauern zu können, so will Leibniz nicht den an sich feststehenden Glauben durch ein zusätzliches Argument stärken, sondern den Gehalt der Aussagen des Alten Testaments und namentlich des Buches Genesis vernunftgemäß begründen. Nach seiner Auffassung kann es nicht darum gehen, das Licht der Offenbarung durch bloß wahrscheinliche, weil immer empirisch verifizierbare Argumente zu stützen, sondern durch glaubwürdige Beweggründe, die das Ansehen der Heiligen Schrift vor dem Richterstuhl der Vernunft rechtfertigen.

Gemäß seiner „Scientia generalis", auf die Theologie und Naturforschung stets bezogen bleiben müssen, verbietet sich der Maßstab naturwissenschaftlicher Erkenntnisse im Felde der Theologie ebenso, wie umgekehrt theologische Aussagen nicht mit Erkenntnisvorteil naturwissenschaftlich zu interpretieren sind. Im Gegenteil, man hat es bei den Glaubenssätzen mit Wahrheiten zu tun, die den Vernunftwahrheiten nicht widersprechen. Ihre Besonderheit besteht vielmehr darin, daß sie Gott auf außerordentliche Weise offenbart hat, während die Vernunft eine Verknüpfung solcher Wahrheiten meint, die der menschliche Geist vermittels seiner eigenen Natur und ohne Unterstützung vom Licht des Glaubens erlangen kann. Die Wissenschaft gegen den Glauben ins Feld zu führen oder diese auch nur als Bestätigungsinstanz offenbarter Wahrheiten figurieren zu lassen, käme daher für Leibniz einem Kampf Gottes mit sich selbst gleich – eine offensichtliche petitio principii.

Durch diese Sichtweise gelangt Leibniz hinsichtlich des Kardinalproblems der Paläontologie, der Frage nach der Existenz und dem Wesen vergangener Lebenswelten, zu neuen Horizonten. Bei Stensen findet sich noch keine Vermutung darüber, daß es manche der fossilen Tierarten vielleicht gar nicht mehr gibt [33, S. 120], eine von Leibniz jedoch vorsichtig angedachte Problematik. Gemeinsam ist ihnen, daß sie über die gleiche empirische Basis für unorthodoxe Denkwege verfügen, die Leibniz zum Teil sogar bei Stensen entlehnt hat. Er erwähnt versteinerte Seemuscheln und deutet sie anatomisch wie chemisch als Reste echter Lebewesen. Namentlich die Ammonshörner sollen nach Gestalt und Größe von allen anderen Meereslebewesen abweichen. Auch der Bernstein gilt ihm als Beleg, vor allem aber die Zungensteine oder Glossopetren, die sowohl in Malta als auch bei Lüneburg ausgegraben wurden, sind für ihn als Zähne von Haifischen echt organischen Ursprungs. All dies meint Leibniz, habe zu der Mutmaßung Anlaß gegeben,

> es seien einstmals, als der Ozean alles bedeckte, die Tiere, die heute das Land bewohnen, Wassertiere gewesen, dann seien sie mit dem Fortgange dieses Elements allmählich Amphibien geworden und hätten sich schließlich in ihrer Nachkommenschaft ihrer ursprünglichen Heimat entwöhnt. [L 9, S. 25]

Solches aber widerspreche den heiligen Schriftstellern, von denen abzuweichen sündhaft sei. Nach dem oben Gesagten ist klar, daß Sündhaftigkeit für Leibniz kein wissenschaftliches Argument ist. Das im Vergleich zu Stensen zwar kühnere, aber dennoch zögernde Zugehen auf den Entwicklungsgedanken muß also andere Gründe haben. Im Zusammenhang mit seinen Ansichten zur Biologie des 17. Jahrhunderts sind diese weiter oben dargestellt worden. Ihre paläontologische Quintessenz faßt Leibniz in den Argumenten zusammen: Daß bestimmte fossile Arten heute nicht mehr existieren, kann man deshalb nicht mit hinreichender Sicherheit behaupten, weil die Tiefen der Meere nur sehr unvollkommen erforscht sind. Darüber hinaus wäre eine Modifikation der ursprünglichen Arten als Folge geologischer Veränderungen denkbar, und im philosophischen Kontext der „Monadologie“ bedeutet dies ein Plus an Erklärungswert gegenüber deszendenztheoretischen Ansätzen. Hinsichtlich der von einer Naturgeographie zu beschreibenden Umweltveränderungen aber geht Leibniz noch einen Schritt weiter. Er betont, daß sich der Mensch einen Teil seines Wohnraumes selbst verdankt, d. h. die Natur nicht nur durch sein bloßes Dasein verändert, sondern durch aktive gegenständliche Tätigkeit vermöge der Wissenschaften und Künste. Damit ist der Anschluß an die Welfengeschichte hergestellt. Die letzten Sätze der „Protogaea“ lauten:

so tritt uns die Natur an die Stelle der Geschichte. Unsere Geschichtsschreibung dagegen vergilt diese Gnade der Natur, auf daß ihre herrlichen Werke, die uns vor Augen liegen, der Nachwelt nicht unbekannt bleiben. [L 9, S. 171]

Dieser Schluß von einer Struktur auf einen Prozeß ist bei Leibniz kein ausschließlich geologisches Verfahren. Es ist vielmehr Prinzip von Geschichtsschreibung überhaupt und in der „Protogaea“ die entscheidende Maxime, um die Naturgeographie nicht nur als natürliche zu sehen. Sein Ansatz vermag in der Einheit von natürlicher und gesellschaftlicher Umwelt jene Nahtstellen auszumachen, von denen aus eine globale Sicht auf den Erdball als geschichtliche möglich wird. Leibniz war daher, wie Kurd von Bülow feststellt, auch hinsichtlich der erdgeschichtlichen Theorie weniger Geologe als vielmehr Philosoph [12, S. 206].

Technische Projekte

Die Ergebnisse der großen Reise nach Süddeutschland und Italien gingen in ihren Wirkungen über die rein wissenschaftlichen Inhalte weit hinaus. Mit ihrer politisch-diplomatischen Auswertung hatte Leibniz einen erheblichen Anteil an der Erlangung der Kurwürde für Ernst August, die das Haus Hannover zur zweiten Regionalmacht im norddeutschen Raum aufsteigen ließ. Leibniz selbst wurde 1696 zum Geheimen Justizrat ernannt, und – für ihn nicht unwichtig – auch sein Gehalt wurde neu festgelegt. Es belief sich nunmehr auf 1000 Taler jährlich. In dieser Zeit weilte Leibniz häufiger in Wolfenbüttel. Wie seine Tagebuchaufzeichnungen belegen, ist er oft nur für wenige Tage nach Hannover zurückgekehrt [PGW, I, 4, S. 181 ff.]. Als Bibliotheksdirektor war ihm vor allem an der katalogmäßigen Erschließung der Wolfenbütteler Bibliothek gelegen. Dabei hatte das Erstellen eines alphabetischen Verfasserkatalogs Vorrang. Als einer der ersten Bibliothekare legte er auch auf einen Schlagwortkatalog als systematische Zugriffsmöglichkeit auf den Bibliotheksbestand großen Wert. Alle, auch ein chronologischer Katalog übrigens, sollten nach der Zettelmethode erstellt werden.
In diesem Vorhaben hat Leibniz weit mehr als eine fachspezifische Aufgabe gesehen. Unter dem sich nach der Erlangung der Kurwürde offenbar liberaler gebenden Ernst August kann er gleichzeitig die Arbeit an seinen „bestgehütetsten Geheimnissen" (H. Schepers), der „Scientia generalis" und insbesondere der „Characteristica universalis" wieder aufnehmen, für die Fragen der Wissensverarbeitung, einer Enzyklopädie und andere das Bibliothekswesen berührende Probleme von Anbeginn ein zentrales Anliegen waren. Selbst die Harzprojekte leben in dieser Atmosphäre noch einmal auf.

Technologisches Know-how für den Harzer Bergbau

Das Grundproblem der bereits erwähnten Bemühungen von Leibniz im Oberharzer Bergbau bestand in der Sicherung einer kontinuierlichen Erzförderung vermittels technologischer Verfahren, die den Arbeitsablauf von äußeren Einflüssen möglichst unabhängig machen sollten, um einen stetigen Produktionsfluß zu sichern. Die Forderung war aus ökonomischer Sicht nur zu berechtigt, denn in Trockenzeiten oder bei längeren Frostperioden sank der Gewinn mitunter auf 60 % des Gewinns bei Normalleistung. Ursache dafür war die Technologie der Erzförderung, bei der man als Energiequelle auf das Wasser der Gebirgsflüsse angewiesen war, mit dem die Pochwerke und Pumpen zur

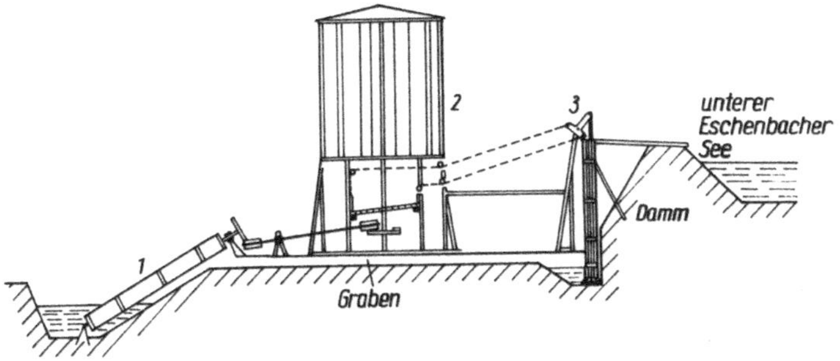

28 Horizontalwindkunst-Pumpensystem (nach [61])
1 Archimedische Schraube
2 Horizontalwindkunst
3 Pumpe

Entwässerung betrieben wurden. Zwar gab es zur Bevorratung des Antriebswassers Teiche, die jedoch unter den genannten extremen Bedingungen keine ausreichende Kapazität boten, so daß die Förderung oft zum Erliegen kam. In dieser Situation machte Leibniz den Vorschlag, neben der Wasserkraft auch die des Windes zu nutzen, d. h. ein kombiniertes System von Wasser- und Windkünsten (Windmühlen) einzuführen, um auf diese Weise einen stabilen technologischen Prozeß zu gewährleisten. Wörtlich heißt es in einer Denkschrift für das Bergamt:

Daß durch den windt daß bereits von dem Kunstrade herab gefallene waßer wieder darauff geschüttet undt also durch conjunction beyder Kräffte ein fast steter undt starcker umblauf der Kunsträder so wohl in waßernötigen alß andern zeiten unterhalten werde. [A I, 3, S. 69]

Leibniz wollte also nicht eine Energiequelle durch eine andere ersetzen. Er strebte vielmehr ein optimierbares energetisches System an, das durch einen Wasserkreislauf realisiert werden sollte, in dem er vorsah, durch neuartige Windkünste das Aufschlagwasser der Wasserräder in die höher gelegenen Teiche zu pumpen, um es dort erneut als Energiequelle für die Wasserräder des Grubenpumpensystems zur Verfügung zu haben (Abb. 28). Die höhere technologische Stabilität dieses Vorschlags gegenüber der im Harzer Bergbau praktizierten Methode ist evident, und Leibniz hat die für seine Grundvorstellungen benötigten Maschinen auch gleich selbst entworfen bzw. die vorhandenen verbessert. Da für sie der Gedanke einer Optimierung hinsichtlich des Effekts ebenso tragend ist wie für das gesamte Fördersystem, lohnt sich ein kurzer Exkurs über Leibniz' Maschinenbegriff im allgemeinen.

Im Abschnitt Biologie ist bereits vom Begriff der organischen Maschine im Gegensatz zur künstlichen die Rede gewesen, und wenn dort vor allem die Qualität Leben im Vordergrund stand, so jetzt jene des technischen Konstrukts. Für Leibniz ist ein Artefakt nur als Aggregat denkbar. Damit ist zweierlei gesagt: erstens, daß die Kunstprodukte nichts der übrigen Welt fremd gegenüberstehendes sind, Natur und Kunst sich also nicht ausschließen, sondern gleichermaßen im System der Monadologie fundiert sind, und daß zweitens die Wirkprinzipien solcher Maschinen natürliche sind, mit Maschinen die Natur also nicht zu überlisten, sondern zweckorientiert zu nutzen ist. Eine Maschine zu konstruieren bedeutet daher, an Aggregaten jene Formbestimmung vorzunehmen, die, indem sie nur bestimmte Wirkungen will, andere ausschließen muß. In diesem Sinne ist das System dann optimierbar, und zwar deshalb, weil es als dynamisches System aufzufassen ist. Gerade darin sieht Leibniz den Unterschied zu den Maschinenauffassungen der Alten oder Descartes', die – in seiner Terminologie – nur von toten Kräften handelten. Optimieren bedeutet dann, den Kraftverlust möglichst gering zu halten, um damit den Effekt der Maschinen zu erhöhen. Das war nun freilich schon seit langem das Bestreben der Künstleringenieure und Mechanici jener Zeit, indes liefert Leibniz mit seinem Kraftbegriff neben der philosophisch-theoretischen Einbettung zugleich einen Begriffsapparat, der es ermöglichte, naturwissenschaftliche Erkenntnisse und Mechanik nach gemeinsamen theoretischen Grundsätzen zu behandeln, und das war zur damaligen Zeit so selbstverständlich nicht.

In den Entwürfen für den Harzer Bergbau wird dies unmittelbar wirksam. Leibniz erkannte nämlich nicht nur die Ursachen für die Wasserverluste und die Reibung als wirkungsmindernde Effekte an Wasserrädern, er überlegte sich auch konstruktive Lösungen, um die natürlichen Wirkprinzipien, d. h. die innere Dynamik des Maschinensystems selbst zu perfektionieren [63, S. 353 ff.]. Dafür aber war nicht nur praktischer Sachverstand, sondern jenes Kraftkonzept erforderlich, das Leibniz in seiner Naturphilosophie entwickelt hat. Es ist daher überhaupt nicht verwunderlich, wenn Leibniz Wasserrad, Pendel sowie das von ihm erfundene und als Unterseil in die neuzeitliche Schachtförderung eingeführte endlose Seil nach einheitlichen naturphilosophischen Prinzipien behandelt, indem er den jeweiligen Effekt nach Kräftebilanzen schätzt [63, S. 355].

Das endlose Seil beispielsweise reduziert die zu fördernde Last allein auf den Inhalt der Fördertonne, also ausschließlich auf die Nutzlast, da sich die Förderkette und die Fördertonne selbst in der Waage halten und somit nicht ins Gewicht fallen (Abb. 29). Nach ähnlichen Gesichtspunkten bewertete er auch andere bergbautechnische Innovationen, z. B. die Förder- und Stangenkünste des sächsischen Bergbauingenieurs Friedrich Heyn [22]. Und daß für die von Leibniz erfundenen Horizontalwindkünste, deren Flügel im Unterschied zu den bekannten Windmühlen in horizontaler Ebene umlaufen, Überlegungen dieser Art nicht weniger bedeutsam waren, bedarf daher wohl kaum der weiteren Erläuterung. Hier sollte die Optimierung darin bestehen, daß die Windkunst unabhängig von der Windrichtung betrieben werden konnte (Abb. 28). Die Versuche sowohl mit Horizontal- als auch mit Vertikalwindkünsten brachten jedoch nicht den erwarteten Erfolg und wurden abgebrochen. Zu

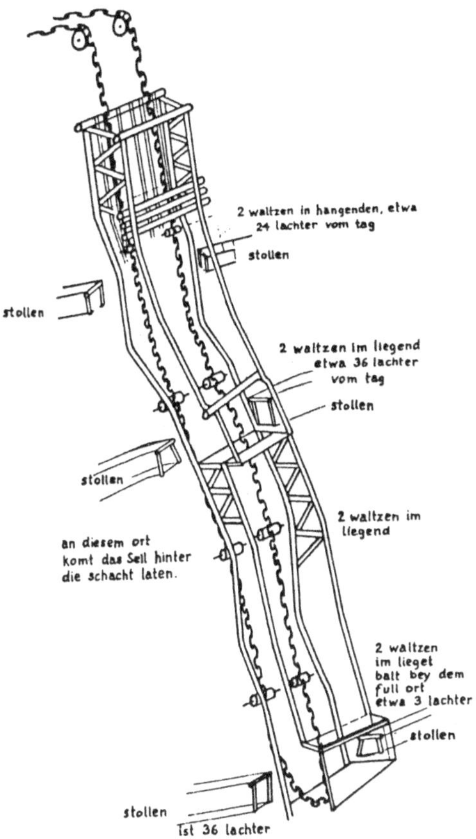

29 Endloses Seil (nach [27])

einem Test des Gesamtsystems Wasserkraft-Windkraft kam es daher gar nicht erst. Daß Leibniz 1693 noch einmal Versuche im Harzer Bergbau aufnehmen konnte, hing mit Prioritätsfragen zusammen. Der Zellerfelder Münzmeister Rudolf Bornemann und sein Kollege Justus Jakob Jenisch aus Celle hatten dem Bergamt in Clausthal 1692 eine Erfindung in Aussicht gestellt, die den Kraftaufwand für Treibkünste mit Pferdegöpeln um die Hälfte senken sollte. Leibniz vermutete dahinter sein Prinzip des endlosen Seils und konnte sowohl Regierung als auch Bergamt zur Wiederaufnahme der Versuche bewegen, um sich die Priorität auf diese Erfindung zu sichern. Das Ergebnis war auch diesmal enttäuschend. Leibniz mußte Herzog Ernst August 1694 mitteilen, daß die Versuche mit dem endlosen Seil beendet seien, doch wie so oft, war die Angelegenheit für ihn damit längst nicht ad acta gelegt. Die Experimente wurden in modifizierter Form weitergeführt, indem nun ein von Leibniz speziell konstruierter konischer Korb den Gewichtsausgleich übernehmen sollte. Dieser blieb bis zum Oktober 1695 in Betrieb.

Hervorhebenswert ist in diesem Zusammenhang, daß Leibniz im Rahmen grundsätzlicher Überlegungen für eine Treibkunst, bei der die Kraftübertragung vom Wasserrad auf die Seiltrommel über ein langes Gestänge erfolgen sollte, eine Prinziplösung für die Umwandlung einer hin- und hergehenden Bewegung in eine rotierende fand, deren tatsächlich technisch befriedigende und praktikable Variante allerdings auf Christopher Polhem zurückgeht.
Insgesamt war auch die zweite Phase der Leibnizschen Bemühungen um den Harzbergbau ein Fehlschlag. Und wenn die Vielzahl der von ihm in diesem Zusammenhang ersonnenen Neuerungen von Preßluftröhren über doppelt wirkende Gebläsemaschinen bis hin zu neuen Pumpenarten für Leibniz' technische Begabung sprechen, so ist es freilich Technikinteresse, das mit naturphilosophischer Sicherheit das theoretische Problem der Krafterspamis ins Zentrum rückt, die Optimierung der Maschinen bis hin zur Selbstorganisation denkt, ja Automaten nicht für abwegig hält, die ein Schiff von selbst in den Hafen steuern oder durch eine Stadt spazierend an bestimmten Straßenecken abbiegen können [GP 4, S. 536, 555].
Gemessen an solchen kühnen Entwürfen hält Leibniz' Sorgfalt hinsichtlich ihrer Realisierungsbedingungen einem ernsthaften Vergleich nicht stand. Flüchtig hingeworfene Skizzen und Detailplanung nicht am Reißbrett, sondern an den Gegenständen erwiesen sich jedenfalls nicht als geeignete Anweisungen für die Handwerker [27, S. 25]. Leibniz' Geschäft war nicht das des anwendungsorientierten Praktikers, wohl aber desjenigen, der die Erfindungskunst im allgemeinen vervollkommnen wollte und aus diesem Blickwinkel auch Prinzipien effektiverer technischer Lösungen zu seinem Gegenstand machte.
Dieser Gedanke dürfte auch der Erfindung seiner Rechenmaschine zugrunde gelegen haben.

Die Rechenmaschine

Das älteste überlieferte Manuskript, in dem sich Leibniz dem Thema eines „Instrumentum arithmeticum" nähert, stammt bereits aus den siebziger Jahren. Das ist jene Zeit, in der er mit ersten eigenständigen naturphilosophischen Arbeiten an die Öffentlichkeit tritt. Wir erinnern uns, daß er darin sowohl die Philosophie des Körpers als auch die des Geistes von einem neuen, am Conatus festgemachten Substanzbegriff her verstehen wollte. Natürliche und mentale Prozesse sollten also von gemeinsamen Prinzipien her verstanden werden, wofür Leibniz als probates Mittel die „Ars combinatoria" empfahl. Daß dabei der Bogen bis zur Rechenmaschine gespannt wurde [A II, 1, S. 160], darf angesichts der Bedeutung von Begriffen wie Conatus und Impetus für die Maschinentheorie nicht verwundern. Neben Methodenüberlegungen allgemeiner Art ist die Leibnizsche Invention einer „Lebendigen Rechenbanck“ freilich vor allem an mathematische und technische Voraussetzungen gebunden. Ob Leibniz am Beginn seiner Entwürfe von der Pascalschen oder Schickardschen Addiermaschine gewußt hat, ist gegewärtig nicht genau auszumachen. Über den Zweck seiner Erfindung gibt es jedenfalls keinen Zweifel, denn nach der Vorführung seines Londoner Modells 1673 teilt er Johann Friedrich mit,

daß die Rechnung in höchsten Grad leicht, geschwind, gewiß sey. Leicht, dieweil man keiner einigen arbeit des Gemüths, nachsinnens, im Sinn behaltens, rathens, ja mit einem worth, Rechnens, bedarff. Denn (welches gar notabel) anstatt, daß man in der Division auffn Papier offt rathen, und achtung geben muß, daß man keinen gar zu großen qvotienten nehme, und daher offt vonnöthen hat, etlich mahl zu versuchen, bis man den grösten, so müglich, trifft, so find sich hier in der Machine selbst. Geschwind, dieweil man zum exempel eine zahl von einer ganzen Reihe Ziphern, sie sey so lang sie wolle (nach proportion der größe der Machine), in einem umbgang eines Rades auff einmahl durch eine gegeben Zipher multiplicirt, anstatt daß die Feder eine iede à part multipliciren muß; Item dieweil man weder in der multiplication des addirens, noch in der division des subtrahirens bedarff: in addition und subtraction selbst, aber keines im Sinn behaltens noch übertragens vonnöthen. Gewiß, dieweil so lange an der Machine nichts versehret wird, ohnmüglich zu fehlen, und daher keine probe erfordert wird. Welches kann vor RechenCammern, Contoirs, Meß=Kunst, Fortification, Schiffart, ja ganze Mathesin und Mechanick, auch Commercien, undt Financen, einen unglaublichen nuzen haben, die Menschliche Arbeit darinn auff die Helffte mindern, auch so gar unnöthige Menge der dazu brauchenden Personen und viele Gagen, ersparen kan. Zu geschweigen wie allerhand Tabulae in obgedachten Scientien, einmahl vor allemahl zu erleichterung Menschlicher arbeit, dergestalt durch dazu bestelte Leüte auszurechnen, da sonsten bekand, daß in den Tabulis Logarithmorum, so ein herrliches werck, unterschiedene dazu besoldete Personen über 20 Jahr zubracht. [A I, 1, S. 488]

In diesem Briefauszug sind bereits alle entscheidenden Charakteristika der Leibnizschen Rechenmaschine genannt. Der durch Pascals und Wilhelm Schickards Addiermaschinen vorgegebene technische Standard ist quasi vorausgesetzt, wenn Leibniz wie selbstverständlich darauf verweist, daß seine Maschine Addition und Subtraktion automatisch mit Zehnerübertragung ausführt. Auch der Grundaufbau der Maschine ist damit festgelegt. Sie besteht aus dem Einstellwerk zur Zahleneingabe und dem Resultatwerk, das als Grundelemente so viele Zahlräder (R) enthält, wie Ziffernstellen vorgesehen sind. Außerdem gibt es ein konstruktives Element, das die Zehnerübertragung sichert. In welcher Weise dieser Prinzipaufbau zum Ausführen der Multiplikation ergänzt werden muß, deutet Leibniz ebenfalls an. Durch das Drehen einer Handkurbel wird ein Mechanismus, das sogenannte Betrag-Schaltwerk, in Gang gesetzt, das, auf dem Prinzip der Staffelwalzen beruhend, als Signum für die Leibnizsche Rechenmaschine gilt (Abb. 30).

Die bis heute in verschiedenen Bereichen der Technik genutzten Staffelwalzen (S) sind das herausragende konstruktive Element der 4-Spezies-Maschine. Sie sind längsverschieblich so gelagert, daß mittels eines Einstellwerks (Einstellräder und Zahnstangen) eine Verschiebung bis zur gewünschten Zahnreihe auf der Walze möglich wird, die dann mit dem Zählrad in einer Ebene

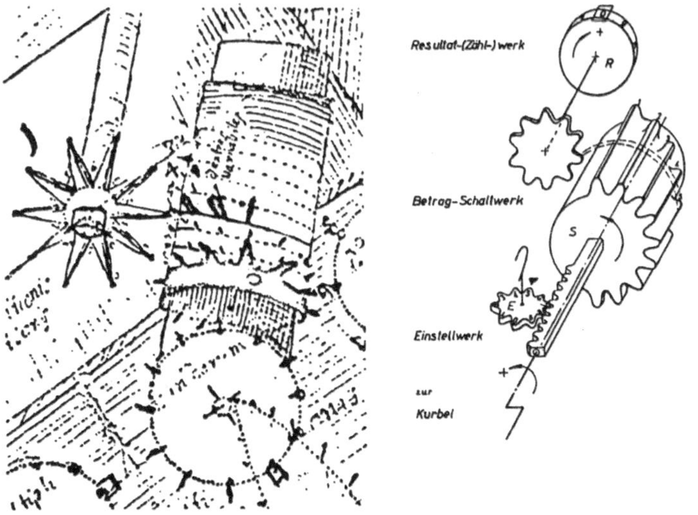

30 Das Prinzip der Staffelwalzen (nach [45])

liegt. Damit wird es möglich, das Resultatwerk in der gewünschten Weise durch eine Drehung der Staffelwalzen um die Längsachse anzusteuern. Die maschinelle Multiplikation erfolgt nun so, daß nach der Eingabe des Multiplikanden im Falle eines einstelligen Multiplikators nur die Umdrehungen der Kurbel gezählt werden müssen, um das Ergebnis im Resultatzählwerk ablesen zu können. Durch die Erfindung eines Umdrehungszählwerks, das übrigens bis heute in mechanischen 4-Spezies-Rechenmaschinen Anwendung findet, überträgt Leibniz auch die Funktion des Zählens noch auf die Maschine. Allerdings ist dieses Umdrehungszählwerk in allen seinen Modellen einstellig ausgeführt. Das erfordert eine zusätzliche technische Lösung für die Stellenverschiebung, um sukzessive auch mit mehrstelligen Faktoren rechnen zu können. Im Falle einer Division muß nur in umgekehrter Weise verfahren werden, wobei die Kurbel in entgegengesetzter Weise herumzudrehen ist. Eine Löschvorrichtung zum automatischen Einstellen aller Zahlräder auf Null besitzt die Leibnizsche Maschine noch nicht. Dazu brachte er am Resultatzählwerk Fünfeckscheiben an, mit denen dies einzeln geschehen konnte. Sie hatten jedoch noch eine zweite Funktion. Trotz jahrelanger Bemühungen war es Leibniz nämlich nicht gelungen, das Problem der sekundären Zehnerübertragung zu lösen. Die Maschine rechnete, um ein Beispiel zu nennen, nicht 99999999 + 1 = 100000000, sondern z. B. 99999999 + 1 = 99999900. Dies wurde von den Fünfeckscheiben angezeigt und konnte durch sie korrigiert werden [45, S. 65 ff.].

Leibniz hat fast sein Leben lang an der Vervollkommnung dieser Maschine gearbeitet, die die wichtigsten Grundlagen der heute bekannten mechanischen

Tischrechner enthält und seine überzeugendste technische Leistung darstellt. Ein Originalexemplar der 4-Spezies-Maschine befindet sich im Leibniz-Archiv in Hannover. Weniger bekannt ist, daß er sich auch mit dem Entwurf einer dualen Rechenmaschine befaßt hat. In dem von Ludolf von Mackensen entdeckten Manuskript „Eine Maschine der dyadischen Arithmetik" schreibt er:

> Was in meiner üblichen Maschine nicht geht, könnte (hier) bewirkt werden, daß (nämlich) sowohl der Multiplikand als auch der Multiplikator von Anfang an in der Maschine eingestellt werden und sodann nur noch die „regula" vorwärtsgetrieben wird. [46, S. 259]

Da sich Leibniz den Aufbau der dyadischen Maschine ganz analog zur dekadischen dachte, darf man darin wohl den Versuch einer weiteren Optimierung des Maschinensystems sehen. Das Umdrehungszählwerk sollte jetzt mehrstellig sein.

Es ist schon erstaunlich, wie Leibniz für jede Wissenschaftsdisziplin und technische Lösung den Zusammenhang zur „Scientia generalis" herzustellen weiß, denn die Dyadik hatte er ja als Charakteristik eingeführt, die nicht das Rechnen im dekadischen System durch ein anderes ersetzen, sondern die Zahlenlehre im allgemeinen vervollkommnen wollte. Wie man sieht, hat dies auch technische Konsequenzen. Das trifft übrigens auf andere technische Projekte ebenso zu, für die an dieser Stelle der Verweis auf [L 6] genügen muß.

Der Akademiegedanke

Angesichts der neuen Möglichkeiten, die sich für Leibniz' wissenschaftliche Arbeit seit 1693 ergaben, sollte man erwarten, daß der nun fast Fünfzigjährige sich in Hannover langsam häuslich einrichtet. Dem ist nicht so. 1694 bittet er Ezechiel Spanheim, ihn als Nachfolger für den verstorbenen Hofhistoriographen Samuel Pufendorf in Kurbrandenburg zu empfehlen, und resigniert läßt er Thomas Burnet wissen:

> Alles, was mich körperlich und geistig beengt, kommt daher, daß ich nicht in einer großen Stadt wie Paris und London lebe, welche an gelehrten Männern Überfluß haben, von denen man lernen und von denen man sich helfen lassen kann. Denn es gibt vieles, was nicht durch einen einzigen ausgeführt werden kann. Doch hier [in Hannover] trifft man kaum jemanden, mit dem man sich unterhalten kann oder man gilt vielmehr in diesem Lande für keinen guten Hofmann, wenn man über wissenschaftliche Themen spricht. Ohne die Frau Kurfürstin würde man noch weniger darüber reden können. [GP 3, S. 175; 47, S. 138]

Diese Worte lassen an Deutlichkeit nichts zu wünschen übrig. Hier sprechen alte Pläne und Hoffnungen mit. Das große Vorhaben einer Enzyklopädie der Wissenschaften etwa, das Leibniz als gemeinsames Projekt der begabtesten Gelehrten seiner Zeit anstrebte. Es sollte nach seinen Vorstellungen aus zwei Büchern bestehen:

> Das erstere Werk, nämlich das Inventarium, müßte alles Wissen von Natur und Technik und was von Beobachtetem und Berichtetem wert ist, behalten zu werden, enthalten oder anzeigen. Das Buch der Theorien aber müßte alle Beweise (absolute oder, wenn nicht anders möglich, mit Hypothesen verbundene) der Wahrheit, der Wahrscheinlichkeit und der sichersten Vermutungen, wie sie sich aus dem sinnlich Erkannten ergeben, enthalten. [L 11, S. 178]

Die Aufgabe war nach seinem Verständnis von einem solchen Ausmaß, daß sie allein schon eine Akademiegründung gerechtfertigt hätte, für die Leibniz in den frühen siebziger Jahren, und z. T. schon vorher, eigene Entwürfe vorlegte. Seine diesbezüglichen Ideen verraten ein fast grenzenloses Vertrauen in die Möglichkeiten der Wissenschaften und Künste zu seiner Zeit. Die notwendigen Arbeiten an einer Enzyklopädie sollten durch Verbesserungsvorschläge für das Erstellen exakter Krankheitsgeschichten sowie durch medizinische Fragebögen, die mit Hilfe der „Ars combinatoria" zu erstellen seien, ergänzt werden. Er regt an, auch Grade der Gesundheit und Neigungen zur Krankheit in Regeln zu bringen. Leibniz verweist auf die Notwendigkeit, Manufakturen und Handwerksbetriebe durch neue Instrumente und Entdekkungen zu entwickeln, weil nur so der Handel zu verbessern sei. Denn wenn in Deutschland alles wohlfeiler als in den anderen Ländern hergestellt würde, bräuchte man nichts durch Privileg auszuschließen. Dazu aber müßten die Leute im Lande gehalten werden, neue Manufakturen wären zu stiften, Rohstoffe sollten nicht unbearbeitet das Land verlassen, vielmehr fremde Rohstoffe im eigenen Land verarbeitet werden, ein Commercium mit Wissenschaften sei anzufangen, da es unerschöpflich sei und man durch Weitergabe nichts verliere, und Leibniz regte die Untersuchung von Münzangelegenheiten an.

Im „Bedencken Von aufrichtung einer Academie oder Societät in Teütschland, zu Aufnehmen der Künste und Wißenschafften" untersucht er die Voraussetzungen, die Deutschland für seinen umfassenden Akademieplan bietet, demgegenüber ihm die Wirkungen der englischen und französischen Sozietäten ihrer Einrichtung und den Statuten nach als „puppenwerck" erschienen. In erster Linie macht er diesbezüglich die historischen Leistungen der deutschen Gelehrten, der Handwerker und Ingenieure namhaft und schreibt:

Es ist uns Teütschen gar nicht rühmlich, daß da wir in erfindung großen theils mechanischer, natürlicher und anderer künste und wißenschafften die ersten gewesen, nun in deren vermehr= und beßerung die letzten seyn. Gleich wenn unser Alt=Väter Ruhm gnug were den unsrigen zu behaupten. [A IV, 1, S. 543]

Er verweist auf Druckerei und Pulverherstellung, auf Chemie und Mechanik, aber auch auf Bergbauwesen, Schiffahrt und Astronomie. Überhaupt seien die realsten und unentbehrlichsten Wissenschaften zuerst von den Deutschen gekommen. Reisende berichten, so teilt er mit, daß die Fachausdrücke im Bergbau Asiens und Thrakiens fast ganz deutsch seien, ja daß die besten Medikamente und Rezepte in Europa von deutschen Ärzten, Chemikern und Apothekern stammen, um dann fortzusetzen:

Aber Leyder es gehet Uns in manufacturen, commercien, Mitteln, Miliz, Justiz, Regirungs=form, mehr und mehr in malos, da dann kein wunder daß auch wißenschafften und Künste zu boden gehen, daß die besten ingenia entweder ruinirt werden, oder sich zu andern potentaten begeben, die wohl wißen, was an diesen gewinst gelegen, daß man von allen orthen die besten subjekta an sich ziehe, und mit Menschen handle deren einer mehr werth, als 1000 schwarzen aus Angola. [A IV, 1, S. 546]

Wie kann diesem Umstand Abhilfe geschaffen werden? Leibniz sieht die Lösung in der Entwicklung von Wissenschaft und Künsten. In der Verbindung mit Manufakturen, Handel und Bildung vermögen sie Triebkräfte zu entfalten, die sich neue Formen sozialer Wirksamkeit schaffen. Alle bisherigen Versuche in dieser Richtung seien einseitig geblieben, schreibt er, so daß sie neue Entdeckungen kaum haben anregen können. Selbst die englischen und französischen Versuche schienen Leibniz bei aller Wertschätzung ihrer Leistungen für die Wissenschaftsentwicklung in ihrem gesellschaftlichen Anspruch doch eher bescheiden zu sein.

In dieser Hinsicht unterscheiden sich seine Akademiepläne von allen bis dahin praktizierten. Mit ihrem ausgeprägten sozialen Sinn verbindet sich der eigentliche Zweck seiner Sozietät. Er besteht darin, „den Handwergsman von seinem Elend zu erlösen" und dafür zu sorgen, daß nicht eine große Mehrheit von Menschen „zu so wenig anderer Nuzen arm und elend seyn" [A IV, 1, S. 559]. Leibniz will diesen Zustand nicht durch einfache Umverteilung der Mittel beseitigen. Vielmehr sucht er das Problem zu hinterfragen, nicht die Erscheinung als gegeben hinzunehmen, sondern sie von ihren Produktionsbedingungen her zu begreifen. Das bedeutet für ihn, von der Lebenstätigkeit der Menschen auszugehen, oder, um es in seiner philosophischen Terminologie zu sagen, die selbstschöpferische Tätigkeit der Individuen als Voraussetzung ihrer Existenz zu begreifen. Er sieht, daß der „gemeine Nuz" von Wissenschaft und Künsten abhängt, daß diese aber keine autonomen Prozesse darstellen, die man beliebig beeinflussen kann. Was er sucht, sind jene Bedingungen ihrer Entwicklung, die Stagnationen zukünftig ausschließen. Mit den Sozietätsplänen thematisiert er daher ein neues Produktionsverhältnis, neue auf dem Progreß von Wissenschaft, Technik und Handel beruhende Beziehungen der Menschen untereinander, die zugleich Entwicklungsbedingungen dieser Triebkräfte sind, also reale und nicht utopische Verhältnisse, in denen der Entwicklung von Wissenschaft und Technik eine Schlüsselrolle für den „gemeinen Nuzen" und die Glückseligkeit des menschlichen Geschlechts zukommt.

Die Akademiepläne nehmen also Leibniz' universalgeschichtlichen Ansatz auf, um darin jenen Aspekt auszuprägen, der die Entwicklung des Menschengeschlechts durch wissenschaftlich-technischen Fortschritt denkbar macht. Auch in diesem Falle läßt sich kein Schritt ohne bewußten Bezug auf die Metaphysik tun. So wie die Wissenschaften und Künste ihre philosophische Grundlegung in der „Monadologie" erfahren haben, indem die Kräfte als Formbestimmungen der ursprünglichen Aktivitäten der Monaden erschienen, so ist auch die menschliche Tätigkeit, sei sie nun theoretisch oder praktisch, eine jener Äußerungsformen schöpferischer Aktivität, die Mensch und Universum zu einem einheitlichen Ganzen verbindet. Sie ist letztlich die Garantie dafür, daß der historische Fortschritt von Wissenschaft und Technik sich nicht gegen den Menschen wendet, sondern seiner Vervollkommnung dient. Das erfordert freilich, wie Leibniz gegenüber Simon Foucher hervorhebt, daß man den Dingen nicht Gewalt antut und durch jene Tore der Natur eindringt, die sie geöffnet hat [L 5, S. 75]. Genau dann wird eine moralische Welt in der natürlichen möglich.

Der Anspruch an eine Akademiegründung ist, wie man sieht, hoch. War er unter den gegebenen Zeitumständen überhaupt einlösbar? Es spricht für Leibniz' Realitätssinn, daß er diese Sozietät nicht durch einen einmaligen revolutionären Akt einführen will. Ihm ist klar, daß er die Macht der großen Herren, der Fürsten und Könige für sein Unternehmen nutzen muß, die er durch die Form einer logisch stringenten Ableitung des Akademiegedankens mit der Verantwortung vor Gott als Regulativ gleichsam ideologisch in die Pflicht

31 Die Rechenmaschine von Leibniz mit geöffnetem Resultatzählwerk

nimmt. Dies allerdings reichte bei weitem nicht aus, wie die vielen Denkschriften mit Sozietätsvorschlägen belegen. Sie blieben alle ohne spürbare Resonanz. Erst in den neunziger Jahren hat Leibniz reale Chancen, seine Pläne in Berlin Wirklichkeit werden zu lassen.

Den Anknüpfungspunkt bildeten Überlegungen zur Errichtung einer Sternwarte im neuen Marstall, nach dem Vorbild der Observatorien von Greenwich und Paris. Als Leibniz davon erfuhr, reagierte er sofort in der ihm eigenen Art. Die Astronomie trage sehr zum Ruhme großer Fürsten bei, meinte er, und es sei zu überlegen, ob nicht auch andere Wissenschaftszweige einzubeziehen seien, „die nicht weniger bedeutsam und schön als die Astronomie sind und die ebenso wie diese Wissenschaft der Zweck einer kurfürstlichen Akademie der Wissenschaften sein könnten" [23, 2, S. 45].

Die theoretische Möglichkeit wird zur realen, als der Reichstag 1699 den Übergang der protestantischen deutschen Staaten zum Gregorianischen Kalender beschließt. Da jedoch auf Reichsebene eine Einigung zur Kalenderreform nicht zustande kam, wurde das protestantische Deutschland zur Berechnung und Herausgabe eigener Kalender angewiesen. Damit hatte Leibniz den entscheidenden Hebel für seine Argumentation in der Hand. Auf Gedanken seines Lehrers in Jena, Erhard Weigel, zurückgreifend, schlug er vor, durch ein Kalendermonopol Akademie und Observatorium auf eine tragfähige finanzielle Basis zu stellen. Das erwies sich als machbar.

Im März 1700 ergeht der Beschluß, in Berlin eine Sternwarte und eine Akademie zu gründen. Stiftungsbrief und Generalinstruktion werden von Leibniz entworfen und von Friedrich III. gebilligt. Im Juli erfolgen die Bestallung von Leibniz zum Präsidenten der Sozietät sowie seine Ernennung zum brandenburgischen Geheimen Rat. Zugleich sicherte die Sozietät Leibniz jährlich 600 Taler Aufwandsentschädigung für Reise- und Korrespondenzkosten zu. Zum offiziellen Gründungsdatum der kurfürstlichen Brandenburgischen Sozietät der Wissenschaften, die sich nach der Rangerhöhung Friedrichs III. schon 1701 königlich preußische nannte, wird der 11. Juli 1700, der Geburtstag des Kurfürsten.

In den Gründungsdokumenten ist Leibniz' Handschrift unverkennbar. Nicht nur, daß ein allgemeiner Frieden als Voraussetzung nützlicher Werke zum allgemeinen Besten angesehen wird, Leibniz verweist explizit auf den Zusammenhang der verschiedenen Wissenschaftsdisziplinen, die „nicht woll gäntzlich getrennet werden können" [23, 1, 1, S. 94] und nur deshalb ihre praktische, eben auf das Ganze menschlicher Lebenstätigkeit ausgerichtete Funktion erfüllen können. Damit wird ein gänzlich neuer Typ wissenschaftlicher Akademien aus der Taufe gehoben, der seine Wirkung auf die Entwicklung des Akademiegedankens international nicht verfehlen sollte. Er ist im Statut strukturell durch die Bildung von vier Klassen ausgewiesen, der physikalisch-medizinischen und der mathematischen Klasse sowie einer historisch-philologischen, die sich mit der deutschen Sprache, einschließlich der deutschen Kirchengeschichte und der politischen Geschichte, befassen sollte und jener historisch-philologischen Klasse, der die Aufgabenfelder Orientalistik und Verbreitung des christlichen Glaubens zugewiesen wurden. Im Rahmen der vorliegenden Studie dürften vor allem die ersten beiden Klassen von Interesse sein, da sie Leibniz' naturwissenschaftliche Arbeiten aus der Sicht des Theoria-cum-praxi-Ansatzes der Akademie in einer neuen Beleuchtung erscheinen lassen und zugleich das zeitgenössische Bewußtsein von Physik und Mathematik transparent machen. Letztere umfaßt neben der Geometrie als Grundlage aller mathematischen Wissenschaften Astronomie, Architektonik und Mechanik (dazu alle Handwerke nebst Manufakturen). Die Physik sieht Leibniz als Chemie, die das Innerste der Körper erforsche, als Regnum Minerale (Berg- und Hüttenwerke, Glasmacherei etc. eingeschlossen), als Regnum Vegitabile (Botanik, Agrikultur, Gärtnerei, Forstwesen) und als Regnum Animale (mit Anatomie, Tierzucht, Waidwerk und Medizin). Von der Gründung bis zur wirklichen Konstituierung der Akademie bedurfte es jedoch mehr als eines Jahrzehnts. Ein schwieriges Problem war die finanzielle Fundierung. Leibniz hatte zwar allein in den Monaten Juni – Juli 1700 fünf Vorschläge für Privilegien erarbeitet, darunter ein Feuerspritzenprivileg und eine Lotterie, später folgte eines für Seidenraupenzucht, sie haben indes alle ihren Zweck nicht erfüllt. Lediglich das Kalendermonopol erbrachte einigen Gewinn, mit dem freilich die Akademie nicht finanziert werden konnte. Die so schon komplizierte Lage wurde dann durch diplomatische Aktivitäten Leibniz', die ihn zeitweilig gar der Spionage verdächtig machten, noch zusätzlich erschwert. Selbst die Sternwarte wurde erst 1708 fertig und im darauffolgenden Jahr übergeben. Dank intensivster Bemühungen des Präsidenten konnte wenigstens 1710 die erste wissenschaftliche Publikation unter dem Titel Miscellanea Berolinensia erscheinen. Der in der Gelehrtenwelt Aufmerksamkeit erregende Quartband enthielt 60 Abhandlungen, 12 davon allein aus Leibniz' Feder und 35 von 11 Ordentlichen Mitgliedern der Akademie. Mit dieser Publikation begann die wissenschaftliche Existenz der neuen Akademie, der im Januar 1711 die feierliche Eröffnung folgte. Bis zu diesem Zeitpunkt

waren 32 Berliner und 57 auswärtige Mitglieder in die Akademie berufen worden, darunter Ole Römer, August Hermann Francke, Friedrich Hoffmann und Jakob Bernoulli.
Neben all den Hemmnissen von Intrigen bis zu selbstverschuldeten Ungeschicklichkeiten, mit denen sich Leibniz im Bemühen um eine arbeitsfähige Gelehrtengesellschaft konfrontiert sah, erlebte er in dieser Zeit auch ausgesprochene Sternstunden. Die herausragende ist gewiß das sich zunehmend enger gestaltende persönliche Verhältnis zu Sophie Charlotte. Im königlichen Lustschloß Lietzenburg, dem heutigen Charlottenburg, fand er im philosophischen Diskurs mit der Königin jene Atmosphäre, die er sich in seinem Leben so oft gewünscht hatte und die er doch so häufig hat entbehren müssen. Die philosophischen Gespräche im Umkreis Sophie Charlottes und Berliner Gelehrter gaben um die Mitte des Jahres 1702 den Anstoß für die Grundkonzeption zu seiner „Theodizee", jenes späteren Handbuchs der deutschen Aufklärung, in dem Leibniz, die Kritik Pierre Bayles an seiner Metaphysik vor Augen, die eigenen Auffassungen über die Vereinbarkeit von Glaube und Vernunft sowie über die prästabilierte Harmonie entwickelt und das von Gott zugelassene Übel als Bedingung des freien Willens und der Selbstbestimmung des Menschen rechtfertigt. Der unerläßliche metaphysische Ausgangspunkt dafür ist der gleiche Substanzbegriff, der ein gutes Dezennium vorher die Dynamik naturphilosophisch möglich machte. Er ist für die zweite, unverwechselbar das Siegel Leibnizschen Philosophierens tragende Arbeit aus dieser Zeit, die „Neuen Abhandlungen über den menschlichen Verstand", nicht weniger bestimmend. Im Gegensatz zur „Theodizee", die 1710 in Amsterdam erschien, ist dieser Dialog mit John Locke, der eine Darstellung des Leibnizschen Systems aus der Perspektive des Erkenntnisproblems bietet, zu Leibniz' Zeiten jedoch nicht mehr publiziert worden. Leibniz hatte aus Gründen wissenschaftlicher Lauterkeit dem inzwischen verstorbenen John Locke gegenüber von einer öffentlichen Kritik abgesehen.
Selbstverständlich waren mit der Berliner Gründung für Leibniz nicht alle Akademiepläne zu den Akten gelegt. Dafür hatten sie einen zu hohen Stellenwert für seine Geschichtsphilosophie. Schon 1703 versuchte er nach dem Berliner Modell eine Sozietät der Wissenschaften in Dresden anzuregen. Tschirnhaus war schon zur Mitwirkung aufgefordert und der sächsische Kurfürst gewonnen, als sich der Plan doch noch, bedingt durch die politischen Turbulenzen dieser Zeit, zerschlug. Auch in Wien blieben seine Vorschläge unerfüllt. Kaiser Karl VI. berief Leibniz jedoch in den Rang eines Reichshofrats, und in Wien entstand 1714 für den Prinzen Eugen von Savoyen eines der neben der „Monadologie" bekanntesten Dokumente der Monadenlehre, die „Principes de la nature et de la grâce fondés en raison" (Vernunftprinzipien der Natur und der Gnade).
Von besonderem Reiz war für Leibniz aus dieser Sicht das gewaltige russische Reich Peters I. Leibniz hatte nicht zufällig auf eine orientalische Klasse in der

32 Der Berliner Marstall mit Observatorium

Berliner Akademie Wert gelegt. Sie setzte für die Chinabegeisterung seiner Zeit besondere Akzente. Ein wechselseitiger Kulturaustausch wurde angestrebt, um die Erforschung der chinesischen Sprache, der Wissenschaften und der Religion auf ein höheres Niveau zu heben. Bereits 1697 hatte Leibniz den Plan einer protestantischen Chinamission entworfen und darin vor allem Rußland als Bindeglied zwischen Europa und China einbezogen. Den Mitgliedern der vierten Klasse, die das Projekt einer Rußlandmission sehr entschieden mit dem Ziel konfessioneller Bekehrung vorantreiben wollten, hielt er entgegen, daß die Russen schon lange Christen waren, bevor Brandenburg christianisiert wurde. Viel wichtiger sei es daher, dem Zaren Pläne zur Gründung einer russischen Akademie der Wissenschaften vorzuschlagen. Als er dann 1711 in Torgau eine Audienz beim Zaren erhielt, setzte er sofort mehrere Konzepte auf, in denen sich die ganze Ursprünglichkeit und gesellschaftspolitische Konsequenz seiner frühen Akademiepläne wiederfindet, die er in Berlin doch nur partiell und mit großer Mühe hat verwirklichen können [L 13, S. 180 ff.].

Wenige Stichpunkte schon genügen, um sich davon zu überzeugen: Rußland sei bislang hinsichtlich Studien und Bildung eine tabula rasa und daher als Probierfeld modernster Aufklärungsbestrebungen besonders geeignet. Das Land selbst sei weithin terra incognita und folglich wissenschaftlicher

33 Leibniz und Zar Peter I. in Torgau

Erschließung wie kein anderes bedürftig. Als Reich der Mitte könne es darüber hinaus an Europa und China partizipieren und auf diese Weise über Wissenschaften und Künste verfügen die, richtig genutzt, dem russischen Reich eine glänzende Perspektive böten. Diese Fama, meint Leibniz, wird in dem Maße zur Tat werden, wie sich ein Monarch vom Format Peters I. dieser Sache annimmt. Und wie so oft, wenn Leibniz schreibend über die unermeßlichen Weiten und Möglichkeiten Rußlands nachdenkt, steigert er sich auch dem Zaren gegenüber bis zur Laudatio. Durch die Gründung einer Akademie werde Peter I., so Leibniz in einem Brief,

nicht nur jetziger, sondern auch künftiger Menschen Nuzen und Wohlfahrt befördern und dem ganzen menschlichen Geschlecht, insonderheit aber den Russen und allen andern slavonischen Nationen zu Nuz und zu Statten kommen und (weit mehr) bey ihnen ausrichten, als Fohi bey den Chinesen, Hermes bey den Aegyptiern, Zerdust in Hochasien, Irmin bey den Hochteutschen, Odin bey den Nordteutschen, Almanzor bey den Saracenen. [L 13, S. 207]

Der 1712 zum russischen Geheimen Justizrat ernannte Leibniz bleibt bis zu seinem Lebensende an der wissenschaftlichen und technischen Entwicklung Rußlands lebhaft interessiert. Noch in seinem Todesjahr 1716 nutzt er die Chance, den Akademiegedanken auch in Rußland Realität werden zu lassen. Die Atmosphäre von Bad Pyrmont bietet einen Rahmen, in dem Leibniz rhetorisch und logisch ziseliert noch einmal die entscheidenden Argumente für dieses große zivilisatorische Werk zusammenfassen kann. Die Gespräche mit Zar Peter werden damit zu einem entscheidenden, ihn auch persönlich stark bewegenden Erlebnis, das vor allem in Kontrast zu Leibniz' Berliner Beziehungen zu sehen ist, über denen in jenen Jahren längst der Schatten zunehmender Entfremdung liegt.

Am 4. Mai 1711 fand die letzte Akademiesitzung unter Leibniz' Vorsitz statt, und im September 1715 teilte ihm Daniel Ernst Jablonski schriftlich mit, daß die Gehaltszahlungen vorläufig eingestellt werden. Der neue König Friedrich Wilhelm I. hatte anderes im Sinn. Treffend berichtet Kurfürstin Sophie an Königin Sophie Dorothea:

Leibniz ist noch in Wien. Ich habe ihm geschrieben, daß seine Sternwarte in Berlin Gefahr läuft und die Musen nicht mehr in Gunst stehen, sondern allein die Söhne des Mars! [47, S. 237; 56, S. 266]

In Hannover vereinsamte der alternde und kränkelnde Leibniz mehr und mehr. Schon 1713 hatte man gegen seine Bestallung zum Reichshofrat intrigiert. Im selben Jahr noch erteilt der bald zum König von England avancierende Kurfürst Georg Ludwig Reiseverbot für Leibniz, das mit der Auflage zur Fortführung der Arbeiten an den Annalen begründet wird. Diese wurden später, ohne Leibniz davon in Kenntnis zu setzen, gänzlich in die Hände Eckharts gegeben. Angesichts solcher Übelstände ist ein letzter verzweifelter Ausbruchsversuch nur zu verständlich, doch der inzwischen fast Siebzigjährige bringt die Kraft zu einem Wechsel nach Paris nicht mehr auf. Als er dann im Oktober 1716 ernsthaft erkrankte und am 14. November verstarb, ist dies in Hannover, aber auch in Berlin und London fast unbemerkt geblieben. In der République des lettres war es allein Fontenelle, der als ständiger Sekretär der Académie des Sciences Leibniz' Tod offiziell zur Kenntnis nahm, und lediglich Eckhart, der langjährige Sekretär, folgte in Hannover dem Sarg.

Der sich stets in Geldsorgen wähnende Leibniz hinterließ neben einer umfangreichen Bibliothek einen schwarzen Koffer, in dem er seine Barschaft und Wertpapiere in Höhe von 12 000 Talern aufbewahrte. Leibniz' Nachlaß wurde einen Tag nach seinem Tode versiegelt und auf diese Weise vor dem Schicksal vieler anderer Gelehrtennachlässe bewahrt.

Epilog

Wenn man auf sich zurückkehrt, und die Talente, die man empfing, mit denen eines Leibniz vergleicht, wird man versucht, die Bücher von sich zu werfen und in irgend einem versteckten Weltwinkel ruhig sterben zu gehen. [DO 15, S. 437]

Denis Diderot, der dies schrieb, selbst Enzyklopädist und damit Vollender eines Teils der von Leibniz angestrebten „Scientia generalis", wußte zweifellos, wovon er sprach. Die von ihm zusammen mit Jean le Rond d'Alembert federführend begonnene und zunächst nur auf acht Bände und 600 Bildtafeln konzipierte Herkulesarbeit der „Enzyklopädie" wuchs sich bald zu einem Jahrhundertunternehmen aus, das in der Geschichte der menschlichen Kultur seinesgleichen sucht. Dennoch löste es die Leibnizschen Visionen nur partiell ein, von denen vieles Programm bleiben mußte. Es ist hier gewiß nicht der Ort, über die generelle Durchführbarkeit des „Leibniz-Programms" zu debattieren, die Mannigfaltigkeit der Anknüpfungsversuche an Leibnizsche Ideen bis in unsere Tage erübrigt einen solchen Kommentar. Auf einige, wie die „Analysis situs", ist zudem im vorstehenden Text eingegangen worden. Andere konnten nur genannt werden, und manches kommt nicht einmal in Stichpunkten vor, etwa die Berufung der Non-Standard-Analysis auf Leibniz oder Norbert Wieners Begeisterung für den von ihm als Ahnherrn der Kybernetik angesehenen Universalgelehrten. Erst recht nicht konnten im Rahmen dieser Skizze Leibniz' Bedeutung für die Sprachwissenschaft oder sein Einfluß auf die europäische Philosophieentwicklung Gegenstand der Untersuchung sein. Bei der gegenwärtig in so rasanter Weise „produzierten" Leibnizliteratur kommen mit der Informatik oder der Theorie der Selbstorganisation immer wieder neue Problem- und Forschungsfelder hinzu.

Bei all diesen in verschiedener Hinsicht zur Geltung gebrachten Traditionsbezügen ist jedoch eines nicht zu übersehen: Der Anknüpfungsversuch bei Leibniz wird meist disziplinär gesucht. Damit aber wird gerade das Charakteristische seiner Denkweise, ihre Interdisziplinarität, verdeckt. Leibniz' an der Totalität des Wissens in seinem Spannungsfeld von curiositas und utilitas, von Neugier und Nutzen ausgerichteter philosophischer Impetus wird somit auf nur eines seiner Momente reduziert. Dem ist mit Pascal entgegenzuhalten:

Man zeigt seine Größe nicht darin, daß man sich an einem Extrem aufhält, sondern dadurch, daß man beide zugleich berührt und alles zwischen ihnen ausfüllt. [PO, S. 1169; 20, S. 277]

Angesichts heutiger globaler Probleme der Menschheit sollte dies eine Botschaft sein, an die in neuer Weise positiv bejahend anzuknüpfen ist. Die Quellen moderner Lebensweise im 17. Jahrhundert zu suchen, bedeutet daher nicht, sie zu desavouieren, sondern sich theoretisch und praktisch zu ihnen zu verhalten. Dabei ist vor allem an die Natur, Mensch und Geschichte vermittels der Wissenschaften und Künste integrierende Leibniz-Welt zu denken.

Chronologie

1623	Blaise Pascal geboren (gest. 1662).
	Rechenmaschine von Wilhelm Schickard (1592–1635).
1626	Willebrod Snellius, niederländischer Mathematiker und Physiker, stirbt (geb. 1581).
1627	Robert Boyle geboren (gest. 1691).
1629	Christiaan Huygens geboren (gest. 1695).
1630	Johannes Kepler stirbt (geb. 1571).
1632	Baruch Spinoza geboren (gest. 1677).
1633	Galileo Galilei schwört vor der Inquisition der copernicanischen Lehre ab.
1635	Die „Geometria indivisibilibus..." Cavalieris erscheint.
1637	Descartes' „Discours de la Méthode" wird gedruckt.
1638	Galileis „Discorsi" werden publiziert.
1642	Entwurf der Rechenmaschine Pascals.
	Galilei stirbt im Alter von 78 Jahren (geb. 1564).
1643	Isaac Newton geboren (gest. 1727).
1646	1. Juli: Gottfried Wilhelm Leibniz in Leipzig geboren.
1648	Ende des Dreißigjährigen Krieges.
1650	René Descartes stirbt (geb. 1596).
1652	Gründung der Leopoldina in Schweinfurt (ab 1878 Halle/Saale).
1653–61	Leibniz besucht die Nicolai-Schule in Leipzig.
1654	Jakob Bernoulli geboren (gest. 1705).
1655	Thomas Hobbes' „De corpore" erscheint.
1661	Leibniz bezieht Ostern die Leipziger Universität.
1662	Gründung der Londoner Royal Society.
	John Graunt (1620–1674) berechnet eine Sterbetafel für London.
1663	Leibniz wird Baccalaureus der Philosophie, danach Studium u. a. bei Erhard Weigel (1625–1699) in Jena.
	Descartes' Schriften kommen auf den Index.
1664	Promotion Leibniz' zum Magister der Philosophie, Habilitation in Leipzig.
1665	Leibniz promoviert zum Baccalaureus juris.
1666	Gründung der Académie des Sciences.
	Erste wissenschaftliche Zeitschriften entstehen (Philosophical Transactions, Journal des Sçavans).
1666–67	Im Winter wechselt Leibniz nach Altdorf und promoviert glanzvoll zum Doktor beider Rechte.
1667	Johann Bernoulli in Basel geboren (gest. 1748).
1668	Leibniz tritt in kurmainzische Dienste.
1669	Die erste Ausgabe der „Pensées" Pascals erscheint.
	Henning Brand entdeckt den Phosphor.
1670	Leibniz wird zum Revisionsrat am Oberappellationsgericht in Mainz bestellt.
1671	Persönliche Bekanntschaft Leibniz' mit Herzog Johann Friedrich von Hannover.
1671–72	Im Winter Ausarbeitung des ägyptischen Plans.
1672–76	Parisaufenthalt. In dieser Zeit: Bekanntschaft mit dem modernen Stand der

Wissenschaftsentwicklung, erstes Modell einer Rechenmaschine (1672–73) und Erfindung des Calculus (1675).

1673 Reise nach England, Mitglied der Royal Society.

1675 Gründung des Königlichen Observatoriums in Greenwich.

1676 Auf der Reise nach Hannover besucht Leibniz Spinoza.
Dienstantritt bei Johann Friedrich.

1677 Leibniz wird Hannoverscher Hofrat.
Heinrich Oldenburg, Sekretär der Royal Society, stirbt (geb. 1615?).

1678 Beginn der Arbeiten für den Harzer Bergbau.

1679 Erste Reunionsverhandlungen mit Bossuet.

1680 Herzog Ernst August zieht als Nachfolger seines verstorbenen Bruders Johann Friedrich in Hannover ein. Leibniz wird in seiner Stellung bestätigt.

1682 Die Acta Eruditorum beginnen ihr Erscheinen in Leipzig.

1683 Wien wird von den Türken belagert.

1684 Mit der Drucklegung der „Nova methodus" beginnt die Geschichte der modernen Analysis.

1685 Leibniz stellt seine Versuche im Harzer Bergbau ein. Auftrag zur Abfassung der Welfengeschichte.
Vermählung Sophie Charlottes, Prinzessin von Hannover, mit Kurprinz Friedrich III. von Brandenburg.
Aufhebung des Edikts von Nantes.

1687–90 Leibniz' große Reise nach Süddeutschland, Österreich und Italien.

1687 Erstauflage der Newtonschen „Philosophiae naturalis Principia mathematica".

1688 Die Monatsgespräche erscheinen als erste wissenschaftliche Zeitschrift in deutscher Sprache.

1690 John Lockes „Versuch über den menschlichen Verstand" wird ediert.

1691 Leibniz wird erster Vorstand der Wolfenbütteler Bibliothek.

1692 Erster Entwurf für die Welfengeschichte.
Hannover erlangt die Kurwürde.

1696 Leibniz wird hannoverscher Geheimer Justizrat.

1698 Ernst August, Kurfürst von Hannover, gestorben, dessen Sohn Georg Ludwig übernimmt die Staatsgeschäfte.
Eckhart wird Leibniz' Sekretär.

1699 Leibniz wird Mitglied der Académie des Sciences.

1700 Stiftung der Kurbrandenburgischen Sozietät der Wissenschaften mit Leibniz als Präsidenten, der außerdem zum brandenburgischen Geheimen Justizrat bestellt wird.

1701 Krönung Friedrichs I. als König in Preußen.

1702 Endgültiger Abbruch der Reunionsverhandlungen zwischen Leibniz und Bossuet.
Ausgedehnte philosophische Gespräche mit Königin Sophie Charlotte im Schloßpark von Lietzenburg.

1703 Der Plan zur Gründung einer Sächsischen Akademie der Wissenschaften scheitert.

1704 John Locke stirbt (geb. 1632).
Newton publiziert seine „Opticks".

1705 Abschluß des Manuskripts „Neue Abhandlungen über den menschlichen Verstand".

1707 Sophie Charlotte stirbt (geb. 1668).
Leonhard Euler geboren (gest. 1783).

1708 Die Sternwarte der Berliner Akademie wird fertig.

1710 Es erscheinen die erste akademische Publikation der Berliner Akademie, die „Miscellanea Berolinensia", sowie Leibniz' „Theodizée".

1711 Leibniz' letzter Aufenthalt in Berlin, Zusammentreffen mit Zar Peter I. in Torgau.
Feierliche Eröffnung der Berliner Sozietät der Wissenschaften.
Michael Lomonossow geboren (gest. 1765).

1712 Leibniz wird russischer Geheimer Justizrat.
Zur Untersuchung des Prioritätsstreits setzt die Royal Society eine Kommission ein, deren von Newton verfaßter Bericht zusammen mit anderen relevanten Dokumenten als „Commercium epistolicum" erscheint. Leibniz wird darin des Plagiats beschuldigt.

1713 Leibniz wird Reichshofrat.
Nach dem Tode Friedrichs I. wird Friedrich Wilhelm I. König in Preußen.

1714 Die „Monadologie" entsteht.
Der Kurfürst von Hannover wird als Georg I. König von England.

1716 Gespräche zwischen Leibniz und Peter I. in Bad Pyrmont.
14. November: Leibniz stirbt in Hannover. Er wird in der Neustädter Kirche beigesetzt.

Literatur

Werke, Textausgaben

[A] Leibniz, G. W.: Sämtliche Schriften und Briefe. Hrsg. von der Preuß. Akad. der Wiss., weitergeführt von der Akad. der Wiss. der DDR in Zusammenarbeit mit dem Leibniz-Archiv der Niedersächs. Landesbibl. Hannover und der Leibniz-Forschungsstelle der Westfäl. Wilhelms-Universität Münster. Darmstadt, später Leipzig, Berlin 1923 ff.

[DO] Diderot, D.: Oeuvres complètes. Ed. par J. Assézat et M. Tourneux. Paris 1875–1877.

[DOO] Leibniz, G. W.: Opera omnia. Hrsg. von L. Dutens. Geneva 1768.

[GM] Leibniz, G. W.: Mathematische Schriften. Hrsg. von C. I. Gerhardt. Halle 1855–1863.

[GP] Leibniz, G. W.: Die Philosophischen Schriften. Hrsg. von C. I. Gerhardt. Berlin 1875–1890.

[HO] Huygens, Chr.: Oeuvres complètes. Publ. par la Société hollondaise des sciences. La Haye 1888–1950.

[KW] Die Werke von Leibniz gemäß seinem handschriftlichen Nachlasse in der Königlichen Bibliothek zu Hannover. Hrsg. von O. Klopp. Hannover 1864–1884.

[MO] Mariotte, E.: Oeuvres. Leide 1717.

[PO] Pascal, B.: Oeuvres complètes. Ed. par J. Chevalier. Paris 1954.

[PGW] Leibnizens gesammelte Werke aus den Handschriften der Königlichen Bibliothek zu Hannover. Hrsg. von G. H. Pertz. Hannover, Berlin, Halle 1843–1863.

Teilsammlungen

[L1] Leibniz, G. W.: Neue Abhandlungen über den menschlichen Verstand. Hrsg. von W. v. Engelhardt u. H. H. Holz. Frankfurt am Main 1961.

[L2] Leibniz, G. W.: Analysis des Unendlichen. Hrsg. von G. Kowalewski. Leipzig 1908.

[L3] Leibniz, G. W.: Der Beginn der Determinantentheorie. Hrsg. von. E. Knobloch. Hildesheim 1980.

[L4] Leibniz, G. W.: Der Briefwechsel mit Mathematikern. Hrsg. von C. I. Gerhardt. Bd. 1, Berlin 1899.

[L5] Leibniz korrespondiert mit Paris. Hrsg. von G. Hess. Hamburg 1940.

[L6] Leibnizens nachgelassene Schriften physikalischen, mechanischen und technischen Inhalts. Hrsg. von E. Gerland. Leipzig 1906.

[L7] Leibniz, G. W.: Nouvelles lettres et opuscules inédits. Ed. par Foucher de Careil. Paris 1857.

[L8] Leibniz, G. W.: Opuscules et fragments inédits. Ed. par L. Couturat. Paris 1903.

[L9] Leibniz, G. W.: Protogaea. Hrsg. von W. E. Peuckert. Stuttgart 1949.

[L10] Leibniz, G. W.: Specimen Dynamicum. Hrsg. von H. G. Dosch, G. W. Most u. E. Rudolph. Hamburg 1982.

[L11] Leibniz, G. W.: Schöpferische Vernunft. Hrsg. von W. v. Engelhardt. Marburg 1951.
[L12] Leibniz, G. W.: Hauptschriften zur Grundlegung der Philosophie. Hrsg. von E. Cassirer. Leipzig 1904–1906.
[L13] Guerrier, W.: Leibniz in seinen Beziehungen zu Russland und Peter dem Grossen. St. Petersburg u. Leipzig 1873.
[L14] Robinet, A.: Malebranche et Leibniz. Paris 1955.
[L15] Zacher, H. J.: Die Hauptschriften zur Dyadik von G. W. Leibniz. Frankfurt am Main 1973.

Referenzliteratur

[1] Aiton, E. J.: Leibniz, a Biography. Bristol and Boston 1985.
[2] Biermann, K.-R.: Die Behandlung des „Problème des dés“ in den Anfängen der Wahrscheinlichkeitsrechnung. Monatsber. d. Dt. Akad. d. Wiss. Bd. 7 (1965), H. 1.
[3] Biermann, K.-R.: Über eine Studie von G. W. Leibniz zu Fragen der Wahrscheinlichkeitsrechnung. Forsch. u. Fortschr. 29 (1955) 4.
[4] Biermann, K.-R.: Über die Untersuchung einer speziellen Frage der Kombinatorik durch G. W. Leibniz. Forsch. u. Fortschr. 28 (1954) 12.
[5] Biermann, K.-R.: Eine Untersuchung von G. W. Leibniz über die jährliche Sterblichkeitsrate. Forsch. u. Fortschr. 29 (1955) 7.
[6] Biermann, K.-R.: Spezielle Untersuchungen zur Kombinatorik durch G. W. Leibniz. Forsch. u. Fortschr. 30 (1956) 6.
[7] Biermann, K.-R., M. Faak: G. W. Leibniz' „De incerti aestimatione“. Forsch. u. Fortschr. 31 (1957) 2.
[8] Breger, H.: Der mechanistische Denkstil in der Mathematik des 17. Jahrhunderts. In: Gottfried Wilhelm Leibniz im philosophischen Diskurs über Geometrie und Erfahrung. Hrsg. von H. Hecht. Berlin 1991.
[9] Breger, H.: Elastizität als Strukturprinzip der Materie bei Leibniz. Studia Leibnitiana (Stud. Leibn.), Sonderheft 13 (1984).
[10] Breger, H.: Leibniz' Einführung des Transzendenten. Stud. Leibn., Sonderheft 14 (1986).
[11] Breger, H.: Leibniz, Weyl und das Kontinuum. Stud. Leibn., Suppl. 26 (1986).
[12] Bülow, K. v.: Protogaea und Prodromus. Stud. Leibn., Suppl. 2 (1969).
[13] Costabel, P.: L' atomisme, face cachée de la condamnation de Galilée?. In: La Vie des Sciences, Comptes rendus, série générale, tome 4, n° 4.
[14] Echelard-Dumas, M.: Der Begriff des Organismus bei Leibniz: „biologische Tatsache“ und Fundierung. Stud. Leibn. 8 (1976).
[15] Echeverría, J.: L'Analyse Géométrique et ses rapports avec la Caractéristique Géométrique de Leibniz. Stud. Leibn. 11 (1972) 2.
[16] Fichant, M.: Les concepts fondamentaux de la mécanique selon Leibniz, en 1676. Stud. Leibn., Suppl. 17 (1978).
[17] Fichant, M.: La „reforme“ leibnizienne de la dynamique d'après des textes inédits. Stud. Leibn., Suppl. 13 (1974).
[18] Galilei, G.: Unterredungen und mathematische Demonstrationen. Hrsg. von A. v. Oettingen. Leipzig 1890.
[19] Gerland, E.: Geschichte der Physik. München u. Berlin 1913.
[20] Goldmann, L.: Der verborgene Gott. Neuwied u. Darmstadt 1973.
[21] Gottschalk, J.: Theorie und Praxis bei Leibniz im Bereich der Technik,

dargestellt am Beispiel der Wasserwirtschaft des Oberharzer Bergbaus. Stud. Leibn., Suppl. 22 (1982).

[22] O'Hara, J., J. Gottschalk: Leibniz und Friedrich Heyn: Bergbautechnologische Überlegungen im Jahre 1687. In: Leibniz. Tradition und Aktualität, 5. Internat. Leibniz-Kongreß, Vorträge, Hannover 1988.

[23] Harnack, A. v.: Geschichte der Königlich Preussischen Akademie der Wissenschaften zu Berlin. Berlin 1900.

[24] Hecht, H.: Der Denkeinsatz des jungen Leibniz im Spiegel philosophischer und naturwissenschaftlicher Grundlagenprobleme. DZfPh. 36 (1988)

[25] Hecht, H.: Philosophia perennis. spectrum 18 (1987) H. 8.

[26] Hegel, G. W. F.: Geschichte der Philosophie. Hrsg. von G. Irrlitz. Bd. 1, Leipzig 1971.

[27] Heinekamp, A.: Leibniz' Bemühungen um eine Verbesserung des Bergbaus im Harz. In: Die Technikgeschichte als Vorbild moderner Technik, Schriften der Georg-Agricola-Gesellschaft Nr.12, 1986.

[28] Heinekamp, A.: Vorwort zu Leibniz' Dynamica. Stud. Leibn., Sonderh. 13 (1984).

[29] Hess, H.-J.: Die unveröffentlichten naturwissenschaftlichen und technischen Arbeiten von G. W. Leibniz aus der Zeit seines Parisaufenthaltes. Stud. Leibn., Suppl. 17 (1978).

[30] Hess, H.-J.: Zur Vorgeschichte der „Nova Methodus" (1676–1684). Stud. Leibn., Sonderh. 14 (1986).

[31] Hofmann, J. E.: Die Entwicklungsgeschichte der Leibnizschen Mathematik. München 1949.

[32] Hofmann, J.-E.: Vom öffentlichen Bekanntwerden der Leibnizschen Infinitesimalmathematik. Sitzungsber. österr. Akad. Wiss., Math.-naturwiss. Kl. Abt. II, 175. Bd., 8. bis 9. H. (1966).

[33] Hölder, H.: Leibniz' erdgeschichtliche Konzeptionen. Stud. Leibn., Sonderh. 1 (1969).

[34] Holz, H. H.: Gottfried Wilhelm Leibniz. Leipzig 1983.

[35] Horst, U.: Die Entwicklung von Theorie und Praxis bei Leibniz' Erfindungstätigkeit für den Oberharzer Bergbau. Stud. Leibn., Suppl. 22 (1982).

[36] Hoyer, U.: Über die Unvereinbarkeit der drei Keplerschen Gesetze mit der Aristotelischen Mechanik. Centaurus 20 (1976).

[37] Hoyer, U.: Das Verhältnis der Leibnizschen zur Keplerschen Himmelsmechanik. Z. allg. Wiss.-theorie 10 (1979).

[38] Janich, P.: Leibniz, die Analysis situs und die Dreidimensionalität des Raumes. Folgen einer Verwechslungsgeschichte. In: Leibniz. Tradition und Aktualität, a. a. O.

[39] Knobloch, E.: Der Leibnizsche Dialogus de arte computandi. NTM 11 (1974) H. 2.

[40] Knobloch, E.: Die Mathematischen Studien von G. W. Leibniz zur Kombinatorik. Stud. Leibn., Suppl. 11 (1973).

[41] Knobloch, E.: Studien von Leibniz zum Determinantenkalkül. Stud. Leibn., Suppl. 13 (1974).

[42] Knobloch, E.: Übersicht über die unveröffentlichten mathematischen Arbeiten von Leibniz (1672–1676). Stud. Leibn., Suppl. 17 (1978).

[43] Knobloch, E.: Zur Vorgeschichte der Determinantentheorie. Stud. Leibn., Suppl. 22 (1982).

[44] Ley, H.: Geschichte der Aufklärung und des Atheismus. Bd. 3/2. Berlin 1980.

[45] Mackensen, L. v.: Zur Vorgeschichte und Entstehung der ersten digitalen 4-Spezies-Rechenmaschine von Gottfried Wilhelm Leibniz. Stud. Leibn., Suppl. 2 (1969).

[46] Mackensen, L. v.: Leibniz als Ahnherr der Kybernetik – ein bisher unbekannter Leibnizscher Vorschlag einer ‚Machina arithmetica dyadicae'. Stud. Leibn., Suppl. 13 (1974).

[47] Müller, K.; G. Krönert: Leben und Werk von G. W. Leibniz. Eine Chronik. Frankfurt am Main 1969.

[48] Münzenmayer, H. P.: Der Calculus situs und die Grundlagen der Geometrie bei Leibniz. Stud. Leibn. 11 (1979).

[49] Peters, H.: Kunckels Verdienste um die Chemie. Arch. Gesch. Naturwiss. u. Techn. 4 (1912).

[50] Peters, H.: Leibniz als Chemiker. Arch. Gesch. Naturwiss. u. Techn. 7 (1916).

[51] Poser, H.: Leibniz' Parisaufenthalt in seiner Bedeutung für die Monadenlehre. Stud. Leibn., Suppl. 18 (1978).

[52] Rádl, E.: Geschichte der biologischen Theorien in der Neuzeit. 1. Teil, Leipzig u. Berlin 1913.

[53] Ruben, P.: Mechanik und Dialektik. In: Mikrokosmos – Makrokosmos, Bd. 2, Berlin 1967.

[54] Sandvoss, E. R.: Gottfried Wilhelm Leibniz. Göttingen, Zürich, Frankfurt am Main 1976.

[55] Schepers, G.: Scientia generalis. In: Leibniz. Tradition u. Aktualität, a. a. O.

[56] Schnaath, G. (Hrsg.).: Briefwechsel der Kurfürstin Sophie von Hannover mit dem Preußischen Königshause. Berlin u. Leipzig 1927.

[57] Schöpf, H.-G.: Newtons Theorie der Schallgeschwindigkeit. Ann. Physik, 7. Folge, 44 (1987) H. 3.

[58] Sheynin, O. B.: Early History of the Theory of Probability. Arch. Hist. exact Sci. 17 (1977).

[59] Spieß, E.: Erhard Weigel, weiland Professor der Mathematik und Astronomie zu Jena, der Lehrer von Leibniz und Pufendorf. Leipzig 1881.

[60] Stammel, H.: Der Status der Bewegungsgesetze in Leibniz' Philosophie und die apriorische Methode der Kraftmessung. Stud. Leibn., Sonderh. 13 (1984).

[61] Stiegel, L.: Leibnizens Versuche mit der Horizontalwindkunst auf dem Harz. Technikgeschichte 35 (1968) 4.

[62] Szabó, I.: Geschichte der mechanischen Prinzipien. Basel, Boston, Stuttgart 1979.

[63] Wolff, M.: Geschichte der Impetustheorie. Frankfurt am Main 1978.

[64] Wußing, H.: Isaac Newton. Leipzig 1990.

[65] Wußing, H.: Vorlesungen zur Geschichte der Mathematik. Berlin 1979.

Da die Leibniz-Literatur bibliographisch sehr gut erschlossen ist, wird an dieser Stelle auf eine Auswahlbibliographie verzichtet. Man vgl. diesbezüglich A. Heinekamp (Hrsg.).: Leibniz-Bibliographie. Die Literatur über Leibniz bis 1980, Frankfurt am Main 1984. Diese Bibliographie wird jährlich in den Studia Leibnitiana ergänzt.

Personenverzeichnis

Sachverzeichnis

Kadeřávek

Geometrie und Kunst in früherer Zeit

Die Wechselwirkungen zwischen Geometrie und Kunst sind uralt.

Dieses Buch veranschaulicht anhand ausgewählter Beispiele aus dem Bauwesen und der Malerei die Anwendungen geometrischer Kenntnisse, beginnend im alten Ägypten bis hin zur Neuzeit.

So werden beispielsweise geometrische Konstruktionen am Grundriß des Tempels von Luxor, an der Fassade der Cancellaria in Rom, am Turm des Stephansdoms in Wien und an zahlreichen Details des Prager Veitsdoms sowie auch an der Entwicklung der Steinmetzzeichen erläutert.

Von
František Kadeřávek
Herausgegeben und mit Anmerkungen versehen von Z. Nádeník, Prag, und P. Schreiber, Greifswald

1992. 104 Seiten mit 77 Bildern. 13,7 × 20,5 cm. Kart. DM 16,80
ISBN 3-8154-2024-5
(Einblicke in die Wissenschaft – Mathematik)

B. G. Teubner Verlagsgesellschaft
Stuttgart · Leipzig

Jacobs/Meyer

Geophysik – Signale aus der Erde

Können wir Erdbeben und Vulkanausbrüche voraussagen? Wie findet man Wasser, Erdöl, Erdgas und andere Rohstoffe? Hilft die Wünschelrute bei der Schatzsuche? Die Geophysik kann uns diese Frage beantworten.

Die Autoren erläutern in leicht verständlicher Form geophysikalische Prozesse, Verfahren und Instrumente. So vermitteln sie den an geowissenschaftlichen Fragestellungen Interessierten Einblicke in den Aufbau der Erde und die darin wirkenden Kräfte.

Von **Franz Jacobs** und **Helmut Meyer**, beide Leipzig

1992. 167 Seiten
mit 56 Bildern
13,7 × 20,5 cm.
Kartoniert DM 19,80
ISBN 3-8154-2501-8
(Einblicke in die Wissenschaft – Geowissenschaften)

GPSR Compliance

The European Union's (EU) General Product Safety Regulation (GPSR) is a set of rules that requires consumer products to be safe and our obligations to ensure this.

If you have any concerns about our products, you can contact us on ProductSafety@springernature.com

In case Publisher is established outside the EU, the EU authorized representative is:

Springer Nature Customer Service Center GmbH
Europaplatz 3
69115 Heidelberg, Germany

Batch number: 10815964

Printed by Printforce, the Netherlands